新・環境学

現代の科学技術批判

I

全3巻

生物の進化と適応の過程を忘れた科学技術

市川定夫

藤原書店

はじめに

私は、一九九三年一月、藤原書店から『環境学――遺伝子破壊から地球規模の環境破壊まで』を出版した。環境学という新しい学問分野での同書は、ナノ(一〇億分の一)メートルレベルの遺伝子破壊からマクロな地球規模の環境破壊までを、初めて統一的に論じたのが好評で、翌九四年十一月には多少補追した第二版を出版した。その後、埼玉大以外に、文部省、国立大学協会、大学入試センターなどでの公務や、他大学での講義や各地での講演などで多忙に追われた私は、次々と起こっていた新しい環境問題にもかかわらず、そうした新事例も合わせて論じる新版の準備ができないまま時が過ぎた。しかし、私が九七年十二月に埼玉大学長候補に選出されたあと、翌年二月に学長候補を辞退した時点には、次年度以降の学外でのすべての公務と学内外の講義担当から外されていて、学内の講義は大半復活されたが、かなり大幅な改訂作業に着手できるようになり、九九年四月には改訂第三版を出版することができた。

二〇〇一年三月末に定年退官し、名誉教授となった私は、環境問題の深刻化や次々と起こる新しい事態に対応しようと、構想を練り始めていた。非常勤講師として埼玉大で続けることになった講義と、新設の短期留学制度で来る留学生への英語での新講義が、ともに環境問題であり、次年度からの東邦大の講義もそうで、埼玉工大でも環境関連の講義が加わり、改訂の構想を次第に固めることができた。そして、書名とその副題を『新・環境学――現代の科学技術批判』と改め、私の論点の主題を新しい副題として、読者の一人ひとりに、問題の本質をよく理解してもらえるようにした。こうした構想での当初の私の原稿は、従来の『環境学』と同様に、分厚くても一冊として出版する形で作成していたが、藤原書店の藤原良雄氏の薦めもあって、三巻に分けて本書を出版することになり、全体の構成も大幅に変更して、本シリーズを貫く問題を明快に示すとともに、具体的な問題も理解しやすいように工夫した。

すなわち、この第一巻には、従来の第一章の内容を先ず入れ、第二章には従来の序論の内容を入れて基本的記載とし、続いて本書第三章には、従来の終部として論じていた第八章の内容を総論的論述として、「生物の進化と適応の過程を忘れた科学技術」と明記して入れた。

そして、続く第二、第三巻への展開を理解しやすいように、第二巻には従来の第二、第五、第六、第七章を第一から第四章として、第三巻には従来の第三、第四章を第一、第二章として、それぞれの具体的問題を論じるようにしたのである。

従来の『環境学』は、副題を「遺伝子破壊から地球規模の環境破壊まで」としていたように、ミクロのレベルからマクロのレベルまで、環境破壊を総体として把握する視点を提示することを重視していた。この『新・環境学』でもその重要性は変わらないが、新しい副題「現代の科学技術批判」と、第一巻のタイトル「生物の進化と適応の過程を忘れた科学技術」が示すように、そうした環境破壊の根本にある科学技術の問題を、より前面に打ち出した。それは、そうした科学技術のもたらす利便性を「恩恵」として享受している私たちの価値観そのものが、今まさに問題となっているからである。

この『新・環境学』三巻への改訂に当たっては、新たに生じている問題や、すでに触れていた問題のその後の展開も含めて、読者の正確な理解が得られるよう、本文の総字数をできるだけ抑えつつも、どこにも説明不足が生じないよう注をかなり増やして留意した。

私は、読者がこの第一巻に続いて、第二、第三巻までを読まれるならば、ますます深刻に進みつつある環境破壊をよく理解されるものと堅く信じている。そして、本書に示した問題の本質「生物の進化と適応の過程を忘れた科学技術」の姿と、それゆえにその波紋が、直接、またはその産物の消費者である一般市民をも加害者に組み込むことによって間接的に、現在の危機的な状態をもたらしている点を読者が理解されることを心から願っている。私は、こうした問題の本質を理解する人が増え、二十一世紀の少しでも早い時期に、私たちの子孫が安住できる社会が実現するよう心から祈願している。

二〇〇八年二月

市川定夫

新・環境学Ⅰ　目次

はじめに　I

第一章　生命現象とその設計図　13

一　さまざまな生物と生命現象　14
ウイルスからヒトまで　分子から生態系のレベルまで　生物体を構成する物質

二　DNAに刻まれた遺伝情報　26
遺伝子は染色体に存在　遺伝子はDNA　DNAの構造と複製　遺伝情報とその発現機構　突然変異とは

三　生命現象は遺伝子の働き　43
分断された遺伝子　酵素の触媒作用　ホルモンの働き　免疫反応と拒絶反応　遺伝子の「編集」　生命現象の担い手

四　進化と適応の結果として　58
化石からの証拠　相同器官にも　地理的隔離と生殖的隔離　生物の適応　適応した繁殖力　さまざまな防御機能

第二章　地球規模の環境破壊と細胞内での遺伝子破壊　73

一　地球規模の環境破壊　74
地球の温暖化　酸性雨の被害　さまざまな森林破壊　進むオゾン層の破壊　進む砂漠化

二　細胞内での遺伝子破壊　82
大気汚染物質　さまざまな人工化合物　人工放射性核種　人工的条件も

三　一般市民の加害者化　89
自動車の使用　電力の大量消費　人工化合物の使用

第三章　生物の進化と適応の過程を忘れた科学技術　97

一　人工のものへの適応を知らない　98
「人工」を改めて問う　宇宙開発の問題点　無重力は有害　エンデバーの実験　動物を殺す高速交通　宇宙の環境破壊　核兵器の運搬手段　軍事技術開発が飢餓を　ME技術とロボット化　機械に従属する人間　近代人工都市の危険　非電離放射線にも危険が　生物学的危機に瀕する人類　ノロウイルス感染性胃腸炎の集団発生　中越沖大地震の発生

二　生命を資源視する浪費社会　123
臓器移植と脳死　人工流産のあと　ＤＮＡの物質視　遺伝子資源の枯渇　貧困の固定　ＯＤＡの問題点　食糧資源の浪費　人間性喪失を招く新技術
三　テクノクラート社会を問う　141
原子力帝国　バイオ技術も　情報管理社会　民主主義とは相容れない　可逆サイクルへ　環境経済人会議の誕生　向かうべき方向　価値観の転換を　希望が中央アジアから
〈資　料〉東京宣言　167
あとがき　171
索引（事項／生物／地名／人名／年表）　194

〈第Ⅱ巻および第Ⅲ巻の内容〉

インド南西部ケララ州の海岸地帯の子供たち（1988.4）。この地域では、古くから川の流れによって上流から放射性のトリウム232を含むモナザイト砂が運ばれてきていたため、自然放射線のレベルが比較的高かった。しかし、インディアン・レア・アース（IRE）社が希土類金属を抽出するため、上流でモナザイトを採掘してここに大量に集積しただけでなく、その採掘の結果、川が運んでくるモナザイト砂の量も大幅に増え、さらに、同社の大量の産業廃棄物が海岸付近に放置されたため、放射線レベルが大幅に高くなった。よく「自然放射線レベルが世界一高い」といわれるが、人為的要因が放射線レベルを大幅に高めたのである。この地域では、ダウン症など遺伝的疾患の多発のほか、生まれる子供たちの性比にも異常が出ているのである（第三巻第二章の二参照）。

新・環境学

現代の科学技術批判

第Ⅰ巻　生物の進化と適応の過程を忘れた科学技術

カバーデザイン　作間順子

第1章
生命現象とその設計図

メキシコ中央高原のサボテン。乾燥条件によく適応している。(1973.1)

一　さまざまな生物と生命現象

この恵まれた地球上には、核酸と外被たんぱくだけで細胞をもたないウイルスや、単細胞の微生物から、無数の細胞から成る高等な植物や動物まで、さまざまな生物が生息している。細胞をもたないウイルスは、他の生物細胞に寄生して増殖する。細胞をもつ生物にも、比較的簡単な構造の原核[★1]で単細胞の原核生物から、もっと複雑な構造をもつ真核[★2]細胞から成り、しかも、さまざまに機能が分化した無数の細胞から成る高等真核生物まであって、生物は、まさに、実に多様なのである。

このように、実に変異に富み、複雑に見えるさまざまな生物も、本章の二と三で述べるように、基本となる遺伝暗号を共有しており、同じ基本原則のもとで、それぞれの生命現象を回しているのである。

■ウイルスからヒトまで

最も簡単な生物であるウイルスには、動物細胞に寄生する動物ウイルス、植物細胞に寄

1　次節参照。
2　次節参照。

生する植物ウイルス、それにバクテリアに寄生するバクテリオファージがある。[3] また、遺伝情報をもつ核酸がRNA（リボ核酸[4]）であるものと、DNA（デオキシリボ核酸[5]）であるものとがあり、後者はさらに一本鎖のDNAをもつものと、他の生物と同じく二本鎖のDNAをもつものとに分けられ、それぞれRNAウイルス、一本鎖DNAウイルス、二本鎖DNAウイルスと呼ばれる。これらウイルスは、RNAまたはDNAと、それを包む外被たんぱくしかもたず、寄生する細胞内にその核酸を送り込んで核酸を大量に複製し、複製された個々の核酸ごとに外被たんぱくを合成して、寄生した細胞から大量に出てくるという増殖のしかたをする。

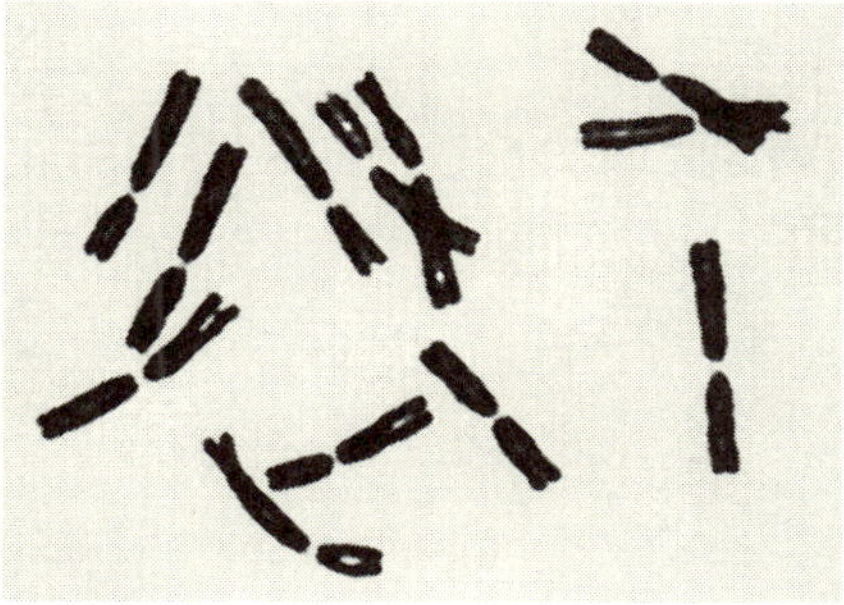

写真1・1　ムラサキツユクサ BNL02 株の染色体（1,000 倍）

　細胞をもつ生物には、原核細胞で単細胞のもの、真核細胞で単細胞のもの、多数の真核細胞から成るものがある。原核細胞というのは、明確な細胞核をもたず、遺伝情報をもつDNAがたんぱく質と結びついた染色体構造をもっていないため、明確な染色体が観察されない。一方、真核細胞というのは、核

3　どのウイルスも、寄生できる生物細胞が決まっており、たとえば動物ウイルスにも、トリ細胞にしか寄生しないなど、宿主特異性がある。

4　ribonucleic acid

5　deoxyribonucleic acid

膜に包まれた明確な細胞核をもち、DNAがヒストンというたんぱく質と結合した染色体構造をもっているため、明確な染色体が観察される（前頁**写真1・1**）。

原核単細胞のバクテリア（細菌類）は、かつては植物に分類されていたが、現在はカビ類などとともに菌界に分類されており、その中の原核微生物として区別されていて、二分裂により増殖する。ラン藻も原核単細胞であるが、光合成をするので、植物界に分類される。同じく単細胞でも、ラン藻を除く植物のミドリムシなどや、動物のアメーバーなどは、真核細胞であるため、多数の真核細胞から成るもっと高等な植物や動物とともに、真核生物と呼ばれる。真核生物のうち、カビ類など菌界に属するものが真核微生物と総称されており、無性的に増殖するものも多いが、カビ類には、有性生殖をするものもある。無数の真核細胞から成る高等な植物や動物は、実に多様で、その多くは、有性生殖によって繁殖する。

生物の体制の多様性を示す好例は、緑藻の仲間[★6]である。単細胞のもの[★7]から、単細胞のものが多数集合して群体をなすもの[★8]、核分裂はするが、細胞は分裂せず、一細胞内にいくつもの核がある多核のもの[★9]、さらに多細胞のもの[★10]まである[★11]。なお、陸上の高等植物は、この緑藻から進化したと考えられている。

6 緑藻植物亜門。
7 クロレラなど。
8 ボルボックスなど。
9 ミルなど。
10 アオノリなど。
11 細胞の接合で核の融合をする有性生殖の原型が見られる。

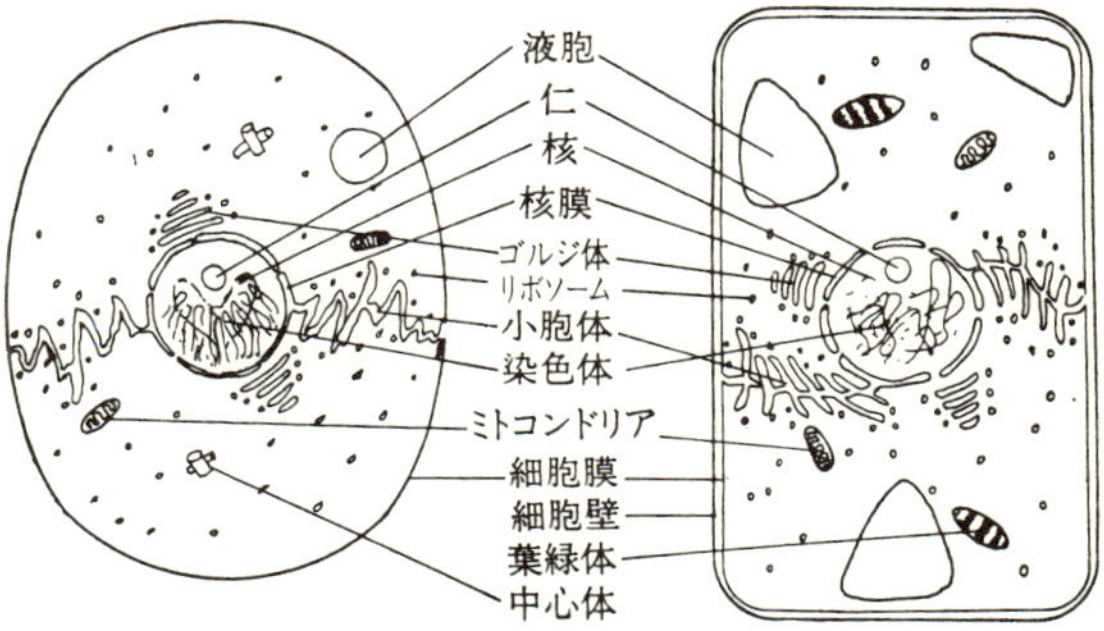

図1・1　動物細胞（左）および植物細胞（右）の模式図

動物では、植物における緑藻のように、大きな分類単位[12]内で、単細胞から多細胞までといった大きな多様性を示す例はないが、はしご状神経が高度に発達した節足動物門の昆虫類や、中枢神経が高度に発達した脊椎動物の哺乳類など、さまざまな進化、分化を遂げている。

植物と動物の大きな差異の一つは、植物の細胞が細胞壁をもつ点である（**図1・1**）。植物は、細胞壁をもつことによって植物体を強化し、一方、動物は、細胞壁をもたないことによって可動性を確保している。また、植物が葉や茎の細胞内に葉緑体をもち、光合成により無機物から有機物をつくり出すことができる[13]のに対して、動物は、すべてそのエネルギー源を直接・間接的に植物に依存している[14]。さらに、多細胞植物における細胞分化は、極性が見られるように、どちらが先

12 門、綱、目、科、属、種の順で細かく分類する。

13 独立栄養。

14 従属栄養。

端部か基部かといった相対的なものが中心であるのに対して、多細胞動物における細胞分化は、発生初期の胚葉★15分化に始まる絶対的な分化が中心である。この差異は、植物には、挿木が可能なように、枝の一部からでも個体を復元できる能力を与え、動物には、より高度の細胞分化を保証しているのである。

■分子から生態系のレベルまで

こうしたさまざまな生物では、分子レベルから、細胞、組織、器官、個体、集団さらに生態系のレベルまで、さまざまな生命現象が見られる。

分子のレベルでは、次項で述べる生物体を構成している物質のうち、核酸（DNA、RNA）分子とたんぱく分子が主役となって、生命現象の設計図である遺伝情報の正確な複製、その設計図に基づくたんぱく分子の正確な合成、さらに合成された酵素たんぱく分子による分解・合成反応、ホルモンたんぱく分子による恒常性の維持・調節、免疫たんぱく分子による体の防御など、生命現象の根幹となる諸現象が実に精緻に進められている。★16

細胞のレベルでは、細胞周期がみごとに回されている。原核細胞では、染色体構造をもたないため、外見上の変化は少ないが、DNA★17が複製されると、細胞が二分列し、二分子

15　外胚葉、内胚葉および中胚葉。

16　本章の二および三参照。

17　原核生物のDNAは一分子のみで、環状のものが多く、糸状のものもある。

のＤＮＡがそれぞれの娘細胞に一分子ずつ分配される。真核細胞では、細胞周期の間に染色体の形態が大きく変化し、中間期（分裂間期）には核内に広がって形態が明確でない染色体が、分裂期に入ると、次第に凝縮されて形態が明白になり、[18]中間期にすでに複製されていた染色体が二つの娘細胞に均等に分配され、再び核内に広がって形態が不明確になる。染色体の形態が不明確な中間期の間にも、分裂後、次のＤＮＡ複製が行われるまでの時期（G_1期）、ＤＮＡ複製のためＤＮＡ合成が行われる時期（Ｓ期）、ＤＮＡ複製後の時期（G_2期）と、染色体の形態が変化し、次の分裂期（Ｍ期）に入る。なお、染色体一本ごとに、一分子のＤＮＡが入っているのである。また、多細胞の真核生物では、すべての細胞が基本的に同じ遺伝情報をもっていながら、[19]細胞の機能がさまざまに分化する細胞分化がやはり秩序正しく進行し、組織や器官を形成していく。

組織・器官のレベルでも、さまざまな生命現象が見られる。組織とは、同じ働きをもつ細胞の集まりであり、器官とは、いくつかの組織が集まって、あるまとまりのある働きをする構造をいう。たとえば、組織には、皮膚組織、筋肉組織、骨組織などがあり、心臓、肺臓、胃、肝臓、子宮、植物の葉、根などが器官の例である。これら組織や器官は、個体の一部分として、それぞれ自立性と協調性、さらに相互依存性を合わせもっている。個々

18　写真１・１参照。生物種によって染色体数と核型（染色体の形態）が決まっており、染色体数や核型を調べるには、同写真のような体細胞分裂中期の顕微標本を作成する。

19　本章の三参照。

の組織や器官は、特有に分化した独自の機能を維持しつつ、同時に他の組織や器官と協調して、また、相互に依存しながら、個体の生命を維持しているのである。こうした組織や器官の働きは、多くの場合、神経やホルモンによって調節されている。

個体のレベルでは、動物の場合、神経やホルモンによる調節を基盤とした恒常性の維持がみごとに行われている。こうした恒常性の維持には、フィードバック機構と呼ばれる、高等な制御機構が働いている。[20] 個体の成長も、代謝など生命維持反応も、激しい運動時や運動後の対応も、生殖活動も、すべてこうしたフィードバック機構による調節のもとで行われているのである。また、ウイルスやバクテリアなどの感染に対する免疫反応は、直接的には、感染を感知するT細胞や、抗体をつくり出すB細胞といったリンパ球細胞が行っているが、反応そのものは、個体のレベルで現れる。このほか、行動、識別、学習や、生得的行動（いわゆる本能）も、個体レベルで見られる生命現象である。また、植物でも、その成長や花芽形成などが、植物ホルモン[21]の働きにより調整されて進められている。

集団あるいは個体群のレベルでも、さまざまな生命現象が秩序正しく行われている。集団とは、生殖的つながり、またはその可能性がある同じ種の個体の集まりと定義され、個体群とは、空間的、時間的に重なり合って生息する同じ種の個体の集まりと定義される。

20　本章三の図1・7および図1・8参照。

21　第二巻第四章の三参照。

それぞれ遺伝学的および生態学的観点から見たものである。集団内では、多型現象[22]といって、たとえばヒトのＡＢＯ式血液型のように、生存上、有利でも不利でもないさまざまな遺伝形質が見られ、そうした多型の各型を決める遺伝子の頻度が各集団内で独自の平衡を保っているため、集団ごとの遺伝的特性とともに、集団内での多様性も見られる。また、異なる集団を隔離するさまざまな生殖的隔離[23]も発達している。さらに、集団には、その生物種に不利な突然変異[24]が生じても、その突然変異遺伝子をホモに（二つ揃えて）もつ個体が生存できないとか、生殖に参加できないといった選択（淘汰）により、集団内での拡散を防ぐ機構も存在する。ただし、集団を構成する個体数が激減すると、遺伝子型の均一性が高まり、かつ突然変異遺伝子のホモ型の出現頻度が高まって、その集団や、ひいては種の滅亡にもつながることも起こりうる。トキの滅亡がそうであった。

一方、個体群でも、たとえば密度効果のように、個体群内での個体数が激増すると、それを制限する機構がある。アフリカワタリバッタがその好例で、個体密度が高まるほど翅が長くなり、飛翔距離も大きくなって、遠い地点まで大群移動できるようになる。また、個体群内では、順位やなわばりなど、個体群の秩序を保つ機構も見られる[25]。

生態系のレベルでも、重要な生命現象が見られる。生態系とは、空間的、時間的に重な

22 Polymorphism

23 本章の四参照。

24 大部分が劣性突然変異であり、そうした劣性突然変異が二つ揃う（ホモになる）と突然変異形質が現れる。

25 昆虫類は、雌が雄を誘引したり、他の個体に生理的変化を起こさせるフェロモンをもっている。最近、ヒトでも、月経周期へのフェロモンの関与が発見された。

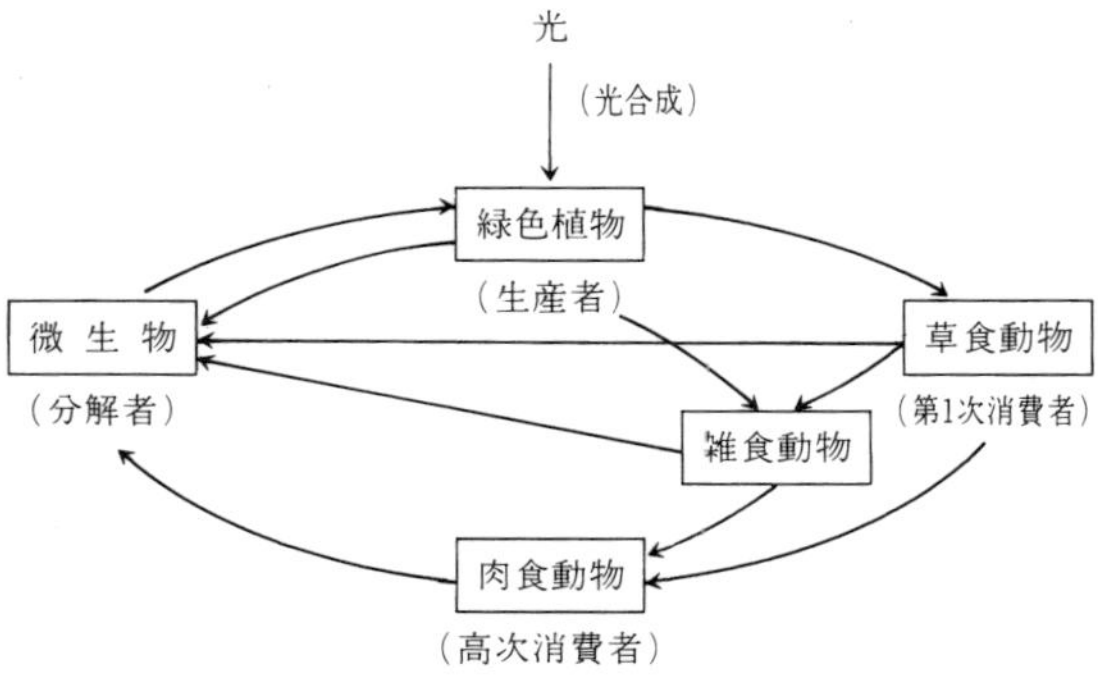

図1・2　食物連鎖の概念図

り合って生息し、たがいに有機的なつながりをもつさまざまな生物種の個体群の集まりをいう。生態系内の有機的なつながりは、食物連鎖[★26]と呼ばれる物質循環とエネルギー循環に典型的に見られる。光合成能をもつ緑色植物が光とエネルギーを利用して無機物（水と二酸化炭素）から有機物（ブドウ糖）をつくり出し、さまざまな草食動物が植物を食べることによってその有機物からエネルギーを得ており、さらに、多様な肉食動物が草食動物を補食することによってまたその有機物を利用している。そして、植物の枯れ葉や倒木、動物の排出物や死骸がさまざまな微生物によって分解されて無機物に戻され、それがまた植物に利用される（**図1・2**）。こうした食物連鎖の中で、光合成をする緑色植物を生産者、草食動物を第一次消費者、肉食動物を高次消費者、微生

26　food chain

物などを分解者と呼ぶ。食物連鎖により物質とエネルギーが循環している生態系には、森林生態系、草原生態系、湖沼生態系、海洋生態系などがあるが、どの生態系でも、食物連鎖による構成種の平衡が保たれている。たとえば、ある生態系で、ある昆虫種が増加すると、それが摂取する植物種が減少するが、餌となる植物種の減少によって、その昆虫種もやがて減少し、減少した植物種もやがて生育数を回復する。こうした関係が多数の生物種の間で複雑に成り立っており、全体として平衡を保っているのである。ただし、この平衡維持機構も、いったん平衡が大きく崩れると機能を失う点が重要である。

生態系の中では、食物や環境などを競合する二種以上が棲み分けて共存する現象も見られ、これを棲分けという。また、溶岩の大量噴出によって溶岩台地が形成されたり、川がせき止められて水没したりして、既存の生態系が全滅すると、その後、それぞれ乾性遷移、湿性遷移と呼ばれる新しい生態系の形成過程が、次々と変遷しながら進行するのである。★27

■生物体を構成する物質

生物体を構成する物質の種類と量は、生物種や組織・器官によって異なるが、普遍的な構成物質は、水、たんぱく質、核酸、脂肪、炭水化物、無機塩類などである。これらのう

27 たとえば、乾性遷移では、溶岩が十分に冷えると、割れ目などの水溜まりにまず藻類が現れ、次に地衣類やコケ類が生息するようになる。やがて土壌が形成されると、風で飛ばされてきた一年生草本植物が現れ始め、次第に多年生植物が優位を占めるようになる。そうした草原に入り込む木本植物は、ノリウツギ、クロマツ、クリなどの陽樹（日当たりのよい場所で生育する樹木）であり、陽樹が成長すると、アラカシ、タブノキ、クスノキなどの陰樹（日陰でも生育する樹木）が現れるようになる。そして陰樹が成長するに伴い、陽樹は次第に生育が困難となり、陰樹が主体の極相（クライマックス）を迎えることになる。

ち、核酸とたんぱく質が生命現象の主役であるが、それ以外を先に触れる。

水は、生物にとって極めて重要で、細胞の原形質の七〇ないし九〇％が水である。高等植物の種子やカビ類などの胞子のように、一〇ないし一五％程度しか水分を含まない場合もあるが、活発に活動している組織では水分が豊富で、水は、物質を溶かす溶媒として物質の細胞内外への出入りや移動[28]に、化学反応の素材として、さらに体温調節にも欠かせないものとして、貴重な働きを果たしている。

脂質には、脂肪とリン脂質があり、脂肪は、主として貯蔵物質として存在し、リン脂質は、細胞膜や核膜の成分として重要である。

炭水化物には、ブドウ糖、果糖、ガラクトースなどの単糖類、しょ糖、麦芽糖、乳糖などの二糖類、さらにでんぷん、グリコーゲン、セルロースなどの多糖類がある。これら炭水化物は、主にエネルギー源として、あるいは貯蔵物質や、植物細胞の細胞壁の成分として重要である。

さまざまな無機塩類も、イオンの形で浸透圧の調整をしたり、酸素を運ぶ血色素へモグロビン分子の核（鉄）になったり、葉緑素つまりクロロフィル分子の核（マグネシウム）になったりして、やはり重要な働きをしている。

28 樹木には、一〇メートル以上、熱帯雨林では二〇ないし四〇メートルもの樹木が見られる（第二章の一および第二巻第一章の二参照）が、細いガラス管では、一気圧（一〇二四ヘクトパスカル）の場合、一〇・二四メートルしか水が上がらないのに、植物は、その先端まで水とそれに溶けた無機塩類を上げることができる。それは、光合成による水の消費とブドウ糖濃度の上昇、葉の気孔からの蒸散、水分子の凝集力によるものである。

生命現象の主役の一つであるたんぱく質は、生物体を構成し、酵素として生体内でのあらゆる分解・合成反応を進め、ホルモンとして生物体を調整し、抗体として生物体を防御し、ヘモグロビンとして酸素を運び、ロドプシンとして視力のかなめを果たすなど、いずれも生命現象の担い手としての重要な役割を果たしている。[★29] たんぱく分子は、アミノ酸が一列にペプチド結合したものであるが、それぞれのたんぱく質の特性は、二〇種類のアミノ酸が、いくつ、どのような順序で並んでいるかによって決まる。

生命現象のもう一つの主役である核酸は、たんぱく質を合成する正確な設計図として、あるいはその設計図の忠実な転写（読み取り）係やたんぱく質のアミノ酸配列への翻訳係として、生命現象の基盤を支えている。核酸には、DNA（デオキシリボ核酸）とRNA（リボ核酸）があるが、RNAウイルスを除いて、次節二で述べるように、DNAがあらゆる生命現象の設計図としての遺伝情報をその塩基配列としてもっているのに対して、RNAのうち、伝令RNAが転写係を、運搬RNAが翻訳係を担っていて、RNA[★30]を大量にもつ細胞質中のリボソームが翻訳の場を提供している。

29 本章の三参照。

30 リボソームRNA。

二　DNAに刻まれた遺伝情報

これまで述べたように、この地球上には、ウイルスからヒトまで、実に多様な生物が生息しており、これら生物では、分子レベルから、生態系レベルまで、さまざまな生命現象が見られる。そうした生命現象の主役を担っているのは、たんぱく質と核酸であり、たんぱく分子が生命現象の現場での担い手として、核酸のうち、DNA（RNAウイルスを除く）がそのたんぱく分子を合成する設計図（遺伝情報）として、RNAがその設計図に基づくたんぱく分子合成役として、それぞれ重要な働きをしている。

こうした生命現象の基盤となる機構は、どのようにして解明され、また、解明された生命現象の機構とは、どのようなものであろうか。

■遺伝子は染色体に存在

当時はオーストリアのブリューン[★1]の修道院の修道士であったメンデルが、エンドウを用いた実験結果から遺伝の法則性を発見し、それを発表したのは、一八六五年のことであっ

1　現在のチェコのブルーノ。
2　論文は、翌一八六六年に印刷された。
3　コリンズ、ド・フリース、

た。[2] しかし、メンデルの発見は、当時、注目を浴びることなく、遺伝の法則性が再発見されたのは、一九〇〇年になってからであった。[3]

メンデルは、発見した遺伝の法則性を説明するのに、遺伝する形質を決める因子の存在を想定し、親は因子を一対（二つ）もつが、その生殖細胞には、そのうち一つが入り、受精によってまた新しい一対が生じると考えた。また、その因子には、優性のものと、劣性のものとがあり、優性因子と劣性因子が一対になると、優性因子が決める形質が現れるとした。メンデルは、こうした因子を想定することによって、発見した優劣の法則、分離の法則、独立の法則という三つの法則をいずれも説明できるとした。

このメンデルの仮説は、生殖細胞の形成前に起こる、染色体数を半減する減数分裂での相同染色体[4]の行動とよく一致していた。減数分裂では、二本の相同染色体が対合するという特有の現象が起こり、両染色体がともにすでに複製されているため、二回引き続く分裂で、一回は対合した相同染色体どうしが分かれ、もう一回は複製された染色体が分離することによって、生じる四細胞と、それから形成される生殖細胞[5]には、相同染色体が一本ずつ入ることになる。このことから、メンデルが考えた因子が染色体に存在すると考えられるようになった。

チェルマックの三者がそれぞれ独立に再発見したとされているが、チェルマックによる再発見には疑問が出されている。

4　両親から一本ずつもらう同じ染色体。

5　哺乳動物など多くの動物では、一つの一次精母細胞から四つの精子が形成されるが、一つの一次卵母細胞から生じる四細胞のうち、三つが極体となって退化し、一つの卵細胞しか形成されない。高等植物でも、一つの花粉母細胞から四つの花粉が生じるのに対して、一つの胚嚢母細胞からは一つの卵細胞しか形成されず、被子植物では、胚嚢母細胞からの残り三つのうち一つが二つの極核になり、特有の重複受精により種子胚の養分となる三倍性の胚乳（精米したイネ種子の白米部分）の形成にかかわる。

因子はのちに遺伝子と呼ばれるようになった。そして、特定の遺伝子が特定の染色体に存在することを初めて明らかにしたのは、伴性遺伝の発見であった。一九一〇年、モーガンが、キイロショウジョウバエで見つかった白眼の突然変異[6]が、雄には現れやすく、雌には現れにくいという現象を発見し、正常な赤眼とこの白眼を決める遺伝子が、性を決める性染色体（X染色体）に存在するためであるとした。つまり、ショウジョウバエの雌はX染色体を二本（XX）もち、雄はX染色体とY染色体を一本ずつ（XY）もっており、X染色体を二本もつ雌では、白眼遺伝子をもつX染色体が二つ揃わないと白眼にならないのに対して、X染色体を一本しかもたない雄では、白眼遺伝子が一つでも白眼になるとして、この現象を説明したのである。[7]

さらに、特定の遺伝子が特定の染色体の特定の位置に存在することも、モーガンが、やはり一九一〇年、キイロショウジョウバエで連鎖と組換えという現象を発見したことから明らかになった。たとえば、白眼と、正常より黄色い体色は、揃って次代に遺伝されやすく、こうした現象を連鎖と呼んだ。また、その連鎖が破れて、白眼ではあるが体色が正常なものや、正常な赤眼で体色が黄色のものがときに現れ、このような現象を組換えと呼んだ。そして、こうした現象を、白眼遺伝子と黄色遺伝子が同じ染色体に存在（連鎖）して

6 正常な野生型は赤眼。

7 哺乳類の性染色体も、雌がXX、雄がXYである。鳥類では逆で、雌がXY（ZWとも表す）、雄がXX（ZZ）である。

おり、正常な赤眼遺伝子と正常体色遺伝子が存在（連鎖）しているその相同染色体との間で、つなぎ変え（組換え）が起こり、白眼遺伝子と正常体色遺伝子をもつ染色体と、赤眼遺伝子と黄色遺伝子をもつ染色体が同時に生じる（連鎖が破れる）ためであると説明した。さらに、こうした組換えが起こる頻度は、連鎖する二対の遺伝子間の距離に比例することも判明し、特定の遺伝子は、特定の染色体の特定の位置に存在することが理解されるようになった。

■遺伝子はＤＮＡ

このような遺伝の基礎が理解されて、遺伝学は、生物学の一分野として確立された。さまざまな動物や植物で遺伝現象が解明され、とくにショウジョウバエ、トウモロコシ、カイコなどでは、数多くの遺伝子がそれぞれどの染色体のどの位置にあるのか、詳細な遺伝子地図が作成されるまでになった[★8]。また、多数の遺伝子[★9]が関与する一段と複雑な遺伝現象も、いくつも解明された。

しかし、遺伝子の実体がどのようなものであり、それがどのように働いてさまざまな遺伝形質を決めるのかは、不明のままであった。

8　ショウジョウバエでは、唾腺染色体（複製しても分離しないで形成される巨大な多糸染色体）に見られるバンドと遺伝子の関係から染色体地図も作成された。

9　大きさなど量的な形質を決めるポリジーン（polygenes）と呼ばれた多数の同様な働きをする遺伝子。

この間に、染色体を含む細胞核が主に核酸とたんぱく質から成っており、核酸にはDNAとRNAがあって、染色体構造を構成するたんぱく質がヒストンであることが解明されていた。このうち、DNAとヒストンは、どんな細胞にも常に定量[10]存在したが、RNAは、細胞の種類や時期によって、その量がまちまちであり、このため、遺伝子は、定量存在するDNAとヒストンのいずれかと考えられ、当初は、DNAよりもずっと複雑な分子構造をもつたんぱく質であるヒストンを遺伝子とみる「遺伝子たんぱく説」が有力であった。

しかし、一九四〇年ごろから、微生物も遺伝の実験材料として用いられるようになり[11]、分子レベルでの研究が可能となった。それまでは、遺伝というのは、親から子へと形質が伝わることを意味し、微生物のように、細胞が二分裂して増殖し、親と子といった関係が見られないものは、遺伝学の対象とは考えられていなかったのである。微生物が遺伝学の対象になったのは、細胞から細胞への遺伝子や染色体の伝わりも遺伝現象であるとの理解が進んだからであった。

一九四〇年代に入ってすぐ、ビードルとテイタムは、アカパンカビの栄養要求性突然変異株[12]の研究から、菌内での物質合成反応の各段階がそれぞれ異なる酵素によって進められており、こうした酵素をそれぞれ別の遺伝子がつくり出していて、いずれかの酵素をつく

10 ある量またはその二倍。

11 そうした微生物を取り扱う技術は、主に軍関係の研究施設で開発されていた。

12 特定のアミノ酸などを培地に加えないと育たない突然変異。

り出す遺伝子が突然変異を起こして、その酵素をつくれなくなったものがそれぞれの栄養要求性突然変異株であるとする「一遺伝子一酵素説」を提唱した（**図1・3**）。遺伝子の産物が酵素たんぱく質であるとしたこの説は、遺伝子がたんぱく質であるとする「遺伝子たんぱく説」に、強い疑問を投げかけたのである。[13]

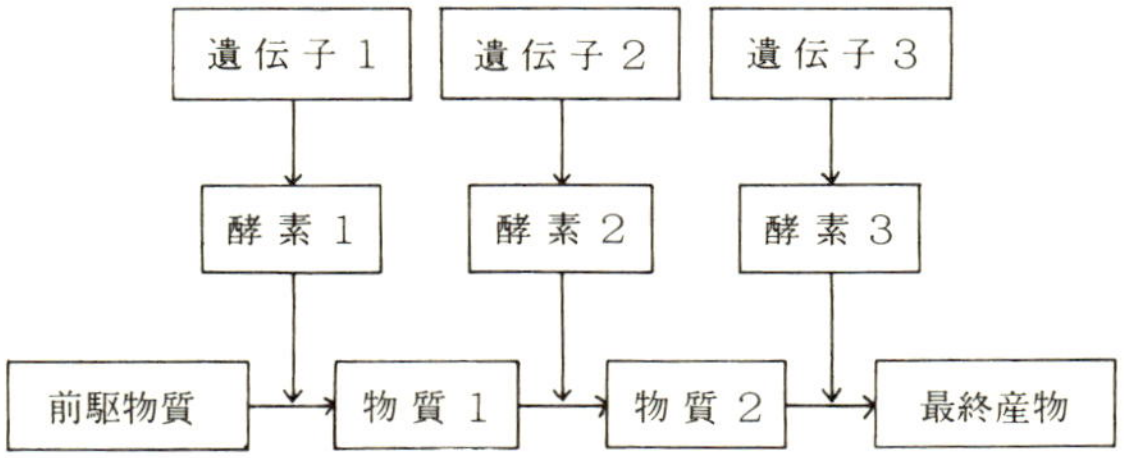

図1・3　一遺伝子一酵素説が提唱した遺伝子と酵素と代謝過程の関係

一九四四年、アベリーらは、肺炎双球菌を用いた実験から、二八年にグリフィスがすでに観察していた形質転換という現象が、たんぱく質ではなく、DNAによって起こることを発見した。つまり、非病原性の粗い[14]コロニー（菌の集まり）をつくるR型菌に、病原性で丸い[15]コロニーをつくるS型菌から採ったDNAを与えると、R型菌がS型菌に形質転換して、それが遺伝されたが、たんぱく質では形質転換しなかった。このことは、遺伝子がDNAであることを示していた。

一九五二年には、ハーシェイとチェイスが、バクテリオファージ[16]の増殖を調べ、ファージが大腸菌に侵入するとき、ファージのDNAと外被たんぱくのうち、DNAのみが菌内

13　遺伝子がたんぱくであれば、その遺伝子をつくる遺伝子もたんぱくと、際限のないパズルになる。

14　外縁がラフ（rough）な。

15　外縁がスムース（smooth）な。

16　単にファージともいう。

に入り、菌内でファージDNAが増殖して、大量の子ファージが大腸菌から出てくることを確かめた。このこともまた、遺伝子がDNAであることを示していた。

■DNAの構造と複製

遺伝物質としてのDNAが、ヌクレオチドと呼ばれるものが無数に並んだ構造をもつことや、そのヌクレオチドが、デオキシリボースという五炭糖と、リン酸、さらにアデニン(A)、グアニン(G)、チミン(T)、シトシン(C)の四種類の塩基[★17]のどれか一つから成ることは、当時、すでに判明していた。

DNA分子全体の構造については、一九五三年、ワトソンとクリックが、DNAのエックス線回折写真に基づき、DNAの二重らせんモデルを提唱した**(図1・4)**。すなわち、糖とリン酸が交互に並んでできている鎖が二本、たがいに右巻き[★18]に巻き合っており、両方の鎖のそれぞれの鎖には、らせんの内側に向かって塩基が付いていて、対面する鎖の塩基と、AとT、GとCという決まった対で水素結合しているというものであった。そして、らせんは三・四ナノメートル[★19]ごとに一回転しており、一回転ごとに一〇塩基対があるとした。このワトソンとクリックのDNA二重らせんモデルは、DNAの基本的な構造と

17 AとGはプリン塩基、TとCはピリミジン塩基。

18 時計の針の進行方向。

19 一ナノメートルは一〇億分の一メートル。

して、広く受け入れられた。

重要なのは、そのモデルが、遺伝物質として最も重要な特性の一つである、その複製機構を示唆していたことである。すなわち、同モデルが示したAとT、GとCという相補的な塩基対合は、二本の鎖が分かれて、それぞれが相手となる鎖を新しく合成すると、元とまったく同じ二本鎖DNA分子が二つできることを示唆していた。たとえば、一方の鎖が…TCAGGATAT…という塩基配列をもっていると、他方の鎖の塩基配列は…AGTCCTATA…となっており、この二本が分かれてそれぞれ新しい鎖を合成すると、前者には…AGTCCTATA…、後者には…TCAGGATAT…という新しい鎖ができるから、結局、元とまったく同じDNAが二分子できることになる。

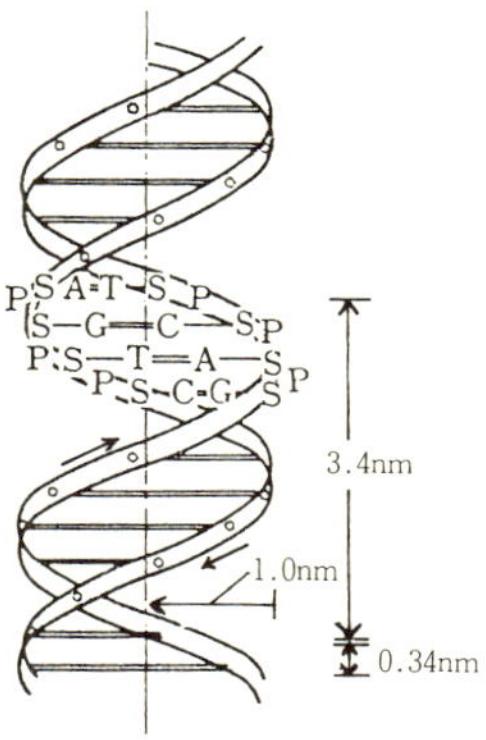

図1・4　DNAの二重らせんモデル

このDNAの複製機構の基本は、一九五八年、メセルソンとスタールによって、大腸菌を用いて実験的に証明された。そしてこの複製機構は、半保存的複製と呼ばれるようになった。

ただし、高等生物でのDNA複製は、もっと複雑であって、DNAのごく短い部分ごとに複製されて、それがのちに連結されることや、長いＤＮＡ分子の一端から順に複製が進むのではなく、多数の起点から同時に複製が開始され、その起点の両側に向かって複製が進むことなどが、間もなく判明した。★[20]

20　ＤＮＡの二本鎖は、たがいに逆方向のもので、こうした短鎖を連結するＤＮＡポリメラーゼによる連結は、一方の鎖では順調に、他方の鎖では少し遅れながら進む。

■遺伝情報とその発現機構

遺伝子がどのように働いて遺伝形質を発現させるのか、という点についても、一九六〇年ごろまでに、その概略が解明された。

すなわち、ＤＮＡの塩基配列に従って伝令ＲＮＡが合成されるが、その際、ＤＮＡの塩基配列が伝令ＲＮＡの塩基配列として転写され、合成された伝令ＲＮＡが細胞質中のリボソームのところに移動すると、そこへさまざまな運搬ＲＮＡがそれぞれ特有のアミノ酸を運んできて、伝令ＲＮＡの三塩基ごとに結合してゆき、その結果、アミノ酸が一定の順番で並べられることになり、アミノ酸は、次々と運搬ＲＮＡから離れて、並べられた順にペプチド結合してゆき、最終的に一定のアミノ酸配列をもったたんぱく分子が合成されるというものである（**図1・5**）。つまり、ＤＮＡの塩基配列が伝令ＲＮＡの塩基配列に転写され、その伝令ＲＮＡの塩基配列が、運搬ＲＮＡの働きによって、たんぱくのアミノ酸配列に翻訳されるのである。

たとえば、**図１・５**のように、遺伝子DNAの一部に…TCAGGATATCCGATG…という塩基配列があるとすると、もう一方の鎖は…AGTCCTATAGGCTAC…となっている。この場合、前者をコーディング・ストランド★[21]、後者をアンチコーディング・ストランド★[22]という。遺伝子が働くとき、この部分のDNAのらせんがほどけ、アンチコーディング・ストランドの塩基配列に相補的な…UCAGGAUAUCCGAUG…の塩基配列をもつ伝令RNAが合成される。RNAにはTがなく、代わりにU（ウラシル）が入る。この伝令RNAは、

21 coding strand（意味のある鎖）。

22 anticoding strand（意味をもたない鎖）。

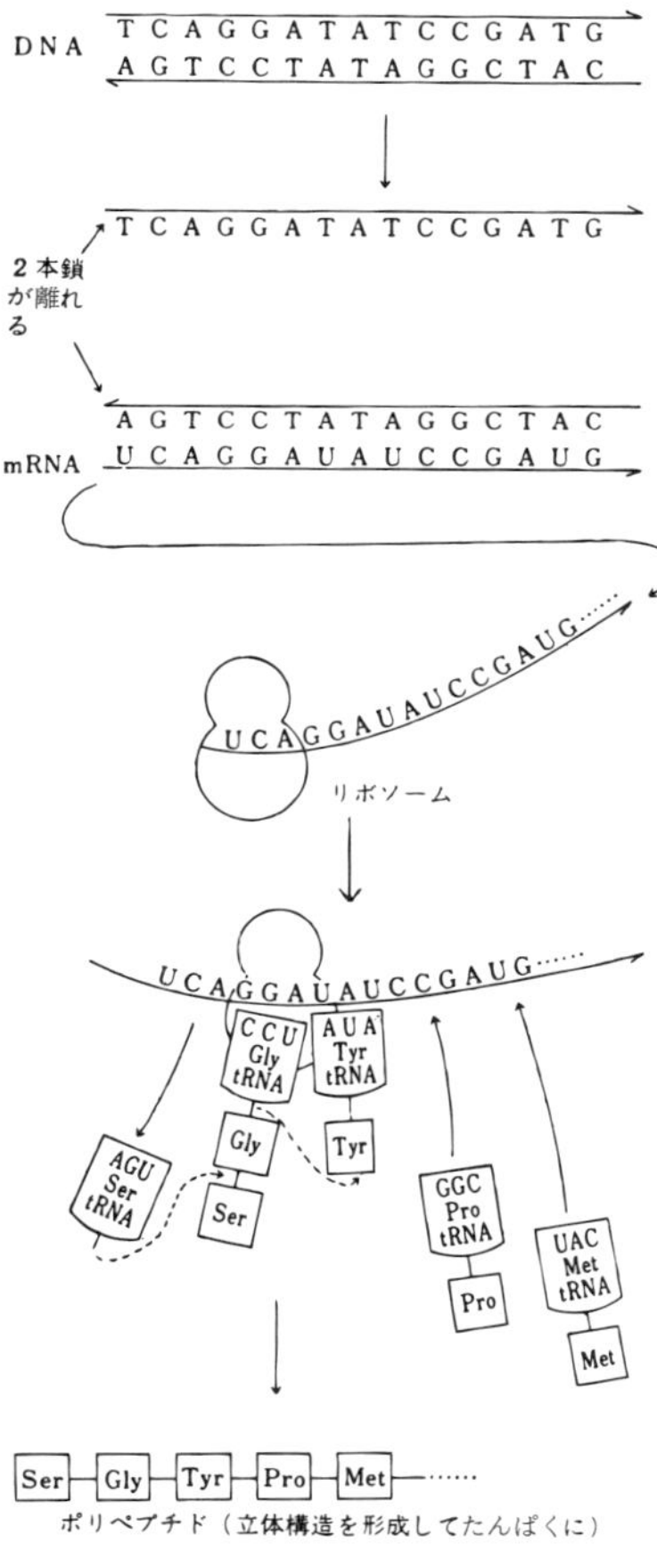

図１・５　遺伝子の作用機構の概念図

DNAのコーディング・ストランドと、TがUに代わっただけで、同じ意味の塩基配列をもっている。

この伝令RNAが細胞質中のリボソームのところに移動すると、そのUCAの部分にはセリン[23]というアミノ酸を運んできた、AGU部分をもつ運搬RNAが結合し[24]、次のGGAの部分に次のCCU部分をもつ運搬RNAがグリシンを運んでくると、それにセリンを渡してグリシンとペプチド結合させるという具合に、次々と運ばれてくる順にアミノ酸を結合させる。こうして、…セリン・グリシン・チロシン・プロリン・メチオニン…というアミノ酸配列をもつポリペプチドができ、アミノ酸配列により決まる特有の立体構造をもつたんぱく分子が完成するのである。

こうした遺伝子の作用機構は、大腸菌など微生物を用いた研究から解明されたものであるが、その基本的な概要は、高等な真核生物でも同様である。ただし、次節三で触れるように、遺伝子の働きを制御する機構は、大腸菌のような原核生物と比べて、高等な真核生物では、比較にならないほど複雑である。

以上のように、伝令RNAの三塩基ごとに、それぞれ対応する運搬RNAがそれぞれ特有のアミノ酸を運んでくるのであるが、塩基は四種類であるから、連続する三塩基の配列

23　これ以降に出てくるアミノ酸については、表1・1参照。

24　この運搬RNAのAGU部分が伝令RNAのUCA部分と相補的に結合する。

には六四（四×四×四）通りある。一方、アミノ酸は二〇種類であるから、その六四通りの三塩基の配列が、それぞれどのアミノ酸に対応するのか、ニーレンバーグら、オチョアら、コラーナらの三つのグループにより研究が進められ、一九六六年には、すべての対応が明らかにされた。

　こうした伝令ＲＮＡの連続する三塩基は、コドン[25]または遺伝暗号と呼ばれている。それに対して、コドンと結合する運搬ＲＮＡの三塩基部分をアンチコドン[26]という。六四通りの遺伝暗号のうち、六一通りがいずれかのアミノ酸を指定する暗号であり、三通りは、指定するアミノ酸をもたない停止暗号である（**表１・１**）。アミノ酸によって、それを指定する遺伝暗号が六種類あるもの[27]から、四種類のもの[28]、三種類のもの[29]、二種類のもの[30]、さらに一種類しかないもの[31]まである。また、停止暗号は、たんぱく合成（アミノ酸配列）の終了を意味する暗号である。

　このような遺伝暗号は、ウイルスからヒトまで、基本的に同じである。生物の種類によって、同じアミノ酸を指定するのに、複数ある遺伝暗号のうち、主として使っている遺伝暗号が異なっている場合もあり、それを「生物の種類によって方言がある」というが、それでも、同じ遺伝暗号なら同じアミノ酸を指定することには変わりがない。つまり、あらゆ

25　codon

26　anticodon

27　ロイシン、セリン、アルギニン。

28　プロリン、スレオニン、バリン、アラニン、グリシン。

29　イソロイシン。

30　フェニルアラニン、チロシン、システイン、ヒスチジン、グルタミン、アスパラギン、リジン、アスパラギン酸、グルタミン酸。

31　トリプトファン、メチオニン。

表1・1　遺伝暗号（コドン）表

		2番目の塩基					
		U	C	A	G		
1番目の塩基	U	UUU, UUC: Phe UUA, UUG: Leu	UCU, UCC, UCA, UCG: Ser	UAU, UAC: Tyr UAA 停止 UAG 停止	UGU, UGC: Cys UGA 停止 UGG Trp	U C A G	3番目の塩基
	C	CUU, CUC, CUA, CUG: Leu	CCU, CCC, CCA, CCG: Pro	CAU, CAC: His CAA, CAG: Gln	CGU, CGC, CGA, CGG: Arg	U C A G	
	A	AUU, AUC, AUA: Ile AUG Met	ACU, ACC, ACA, ACG: Thr	AAU, AAC: Asn AAA, AAG: Lys	AGU, AGC: Ser AGA, AGG: Arg	U C A G	
	G	GUU, GUC, GUA, GUG: Val	GCU, GCC, GCA, GCG: Ala	GAU, GAC: Asp GAA, GAG: Glu	GGU, GGC, GGA, GGG: Gly	U C A G	

（伝令 RNA の塩基配列で示してある）

Ala アラニン	Arg アルギニン	Asn アスパラギン	Asp アスパラギン酸
Cys システイン	Gln グルタミン	Glu グルタミン酸	Gly グリシン
His ヒスチジン	Ile イソロイシン	Leu ロイシン	Lys リジン
Met メチオニン	Phe フェニルアラニン	Pro プロリン	Ser セリン
Thr スレオニン	Trp トリプトファン	Tyr チロシン	Val バリン

る生物が、基本的に同じ「言語」を使っているのである。このことは、地球上のあらゆる生物が同一の起原をもつことを意味している。

こうして解明された生物の共通「言語」には、わずか四種類のアルファベット[★32]しかなく、それを三つ並べてつくる六四種類の単語（遺伝暗号）しかない。しかし、その単語を自由に並べて、それをアミノ酸配列に翻訳することにより、無数の可能性を産み出しているのである。すなわち、アミノ酸には、二〇種類あるから、アミノ酸を二つ並ぶだけで四〇〇通り、三つで八〇〇〇通り、四つで一六万通り、五つで三二〇万通り、六つ並ぶだけで六四〇〇万通りにもなり、小さいたんぱく分子でもアミノ酸が二〇数個、標準的なたんぱく分子なら一〇〇前後のアミノ酸が並んでいるのであるから、まさに天文学的な可能性をつくり出すのである。[★33]

■突然変異とは

以上のように、たんぱく質のアミノ酸配列を決める遺伝情報は、塩基三個ごとの遺伝暗号の連続としてＤＮＡの塩基配列に組み込まれている。したがって、ＤＮＡの塩基配列の一部が変わると、伝令ＲＮＡの塩基配列も一部変わり、その結果、そこに運ばれてくるア

32　ＤＮＡでＡ、Ｇ、Ｔ、Ｃ、ＲＮＡでＡ、Ｇ、Ｕ、Ｃ。

33　アルファベットが二十数種類あり、アルファベットの数に制限されずに単語をつくっている英語、ドイツ語、フランス語、スペイン語などと比べると、これら外国語のほうが、一見、自由度が高いと思われるが、文法というきまりがあって、単語を自由に並べても意味をなさない。

ミノ酸も変わって、合成されるたんぱく質のアミノ酸配列も変わってしまうという現象が起こる。たんぱく質の特性は、そのアミノ酸配列によって決まるから、その配列の変化は、生命現象の担い手であるたんぱく質の性質を変えてしまい、多くの場合、生命現象の変化をもたらすことになる。

ただし、一つのアミノ酸に対して複数の遺伝暗号がある場合も多いから[34]、塩基配列が変わってもアミノ酸配列が変わらない場合もあるし、アミノ酸配列が少し変わっても、たんぱく質の性質があまり変わらない場合もある[35]。

遺伝情報としてのＤＮＡの塩基配列が変わり、その結果として、合成されるたんぱく質の性質が変わって、生命現象に遺伝的な変化が起こる場合を突然変異[36]という。こうした突然変異には、塩基対が一つだけ変わったもの（塩基対交代型）から、塩基対の欠失や付加によって、そのあとの三塩基ごとの遺伝暗号の読み枠がずれてしまったもの（フレームシフト型[37]）、さらに、いくつもあるいは多数の塩基対が欠失したもの（欠失型）まで、さまざまなものがある。

また、広義の突然変異として、染色体レベルでの構造変化が生じたもの[38]や、染色体数の変化が起こったもの[39]もあり、こうした染色体レベルの広義の突然変異は、遺伝形質の明確

34　とくに三つ目の塩基が代わっても、同じアミノ酸を指定する場合が多い（表1・1）。

35　たんぱく質の性質はあまり変わらないが、正常なたんぱく質よりも働きが劣る場合に、リーキー（leaky=漏洩）突然変異と呼ぶ。

36　mutation

37　frame-shift

38　光学顕微鏡で識別できる染色体の一部の欠失、置換、逆位、転座などの染色体異常。

39　異数体、倍数体。

な変化を伴うとともに、生殖能にも大きな影響を及ぼすことが多い。★40

ここでは、DNAレベルでの突然変異について、先に示したDNAのコーディング・ストランドの…TCAGGATATCCGATG…という塩基配列を正常な原型として、例を挙げて説明しておこう。

塩基対交代型の突然変異というのは、たとえば、七番目の塩基TがCに置換され、伝令RNAの三番目のコドンがUAUからCAUに変わって、指定するアミノ酸がチロシンからヒスタミンに変わってしまうようなものをいう。

フレームシフト型の突然変異というのは、たとえば、四番目または五番目のGが一つ欠失し、伝令RNAが…UCAGAUAUCCGAUG…となって、その部分から三塩基ごとの読み枠がずれてしまい、アミノ酸配列が…セリン・アスパラギン酸・イソロイシン・アルギニン・?…となって、正常な…セリン・グリシン・チロシン・プロリン・メチオニン…とはまったく異なってしまうようなものをいう。なお、?部分は、次の塩基次第により、システインかトリプトファンになるか、停止暗号となってたんぱく合成がその部分で停止してしまうことになり、いずれにせよ、フレームシフト型突然変異は、塩基対交代型よりも、はるかに大きな影響を及ぼすものが多いうえに、元に復帰する可能性も、塩基対交代型よ

40　たとえば、ヒトの第二一染色体が三本になった異数体はダウン症となる。このような異数体は、生殖細胞形成前の減数分裂における染色体の不分離という現象により生じ、高年齢ほど生じやすくなる。染色体の不分離は、卵形成、精子形成のいずれでも起こるが、染色体数が異常な精子が、精子間の受精競争でほとんど受精できないのに対して、ほぼ四週間ごとに一個ずつ排卵される卵には競争がなく、ダウン症など異数体の出現は、ほとんどすべて卵形成時に起こった染色体不分離に起因する。

りもずっと低い。

欠失型の突然変異というのは、たとえば、図1・5のmRNAの二番目のCから六番目のAまでが欠失して、伝令RNAが…UUAUCCGAUG…となり、アミノ酸配列が…ロイシン・セリン・アスパラギン酸・?…と、やはり元とはまったく変わってしまうようなものをいう。こうした欠失型突然変異も影響が大きく、しかも、元どおりに復帰する可能性がほとんどない。

もう一つ重要なことは、自然に発生している自然突然変異の大部分がDNAの複製エラーによるもので、塩基対交代型が大半を占め、次いでフレームシフト型で、欠失型や染色体レベルのものが少ない[★41]のに対して、さまざまな変異原による誘発突然変異が、それとは明らかに異なっていることである。すなわち、人工的につくり出された化学変異原[★42]には、塩基対交代型以外に、フレームシフト型や欠失型を誘発するものが多く、放射線の場合には、塩基対交代型がほとんどなく、その誘発突然変異の大部分が欠失型や染色体レベルのものである。つまり、自然突然変異の場合は、元どおりに復帰しうるものが多いのに対して、放射線や化学変異原による誘発突然変異の場合には、復帰する可能性が低いか、ほとんどないものが多いのである。[★43]

41 自然突然変異は、紫外線、自然放射線などによっても起こっているが、通常、自然突然変異全体の一〇%である。なお、その一部は「動き回る遺伝子」(トランスポゾン、第三巻第一章参照)によっても起こっている。

42 第二章の二および第三巻第一章参照。

43 どの型の突然変異も、DNA損傷が原因となって起こる。生物は、そうした損傷を修復する光回復、除去修復、組換え修復などの機能をもつが、すべてを修復することはできず、強い変異原(第二章の二および第三巻第一章参照)に曝されるほど、修復能が低下する。

三　生命現象は遺伝子の働き

このように、遺伝子DNAの塩基配列を転写して伝令RNAが合成され、運搬RNAの働きによってそれがアミノ酸配列に翻訳されて、特有のアミノ酸配列をもつたんぱく分子が合成されるという、遺伝子の作用機構の基本が解明されると、生命現象についての理解が、それまでと比べて格段に進むことになった。遺伝暗号がすべて解明されたとき、これで「生命の謎は解けた」とすら豪語されたほどである。ただし、その当時解明されていたのは、原核生物についてのみであり、真核生物、とくに高等真核生物における遺伝子の作用機構ははるかに複雑で、豪語していた分子生物学者を困惑させる現象が、その後、次々と発見されたのであった。

高等真核生物における遺伝子の作用機構とその制御機構は、これまでに次々と解明され続けているが、[★1]まだすべてが解明されたわけではない。しかし、「生命現象は、遺伝子の働きの綜合結果である」との理解は、以下に述べるように、すでに確立されたものとなっているのである。

1　ヒトを含むさまざまな生物の遺伝子解析が進んでおり、そうした知見が蓄積されつつある。しかし、ヒト・ゲノム（ヒトの全遺伝情報）の解析については、アメリカのNIH（国立衛生研究所）が特許申請するなどのトラブルも起こった。

■分断された遺伝子

原核生物の遺伝子の作用機構の解明により、「生命の謎は解けた」と豪語していた分子生物学者を困惑させたのは、真核生物の遺伝子には、たんぱく分子の合成にかかわる遺伝情報（塩基配列）をもつ部分を分断する「意味のない」部分が含まれているという事実の発見であった。つまり、アミノ酸配列を指定する「意味のある」エクソン[★2]と呼ばれる部分が、いくつにも分断されていて、エクソン部分の間にアミノ酸配列指定とは無関係の「意味のない」イントロン[★3]と呼ばれる部分が存在したのである。

このようなイントロンの存在は、ＤＮＡから伝令ＲＮＡへの一続きの転写[★4]と、伝令ＲＮＡの三塩基ごとに運搬ＲＮＡが指定されたアミノ酸を運搬して行う翻訳という、遺伝子の作用機構に関するそれまでの基本理解をゆさぶるものであった。

エクソンの間にイントロンがいくつも入っていると、伝令ＲＮＡへの転写はどうなるのか。もし、伝令ＲＮＡにイントロン部分も転写されるとすると、運搬ＲＮＡによる翻訳はどうなるのか、遺伝子を「ＤＮＡの一部の連続する塩基配列」と定義してきた分子生物学にとっては、イントロンの発見は、まさに晴天のへきれきであった。

しかし、間もなく、イントロン部分も転写されるが、同部分も含む伝令ＲＮＡ前駆体か

2　exon
3　intron
4　本章二の図1・5参照。

ら、イントロン部分が切り出され、エクソン部分だけから成る成熟伝令RNAができることが確認され、そのしくみも解明された。そして、伝令RNA前駆体からイントロン部分を切り出す特有のしくみは、スプライシング[★5]と名付けられた[★6]。

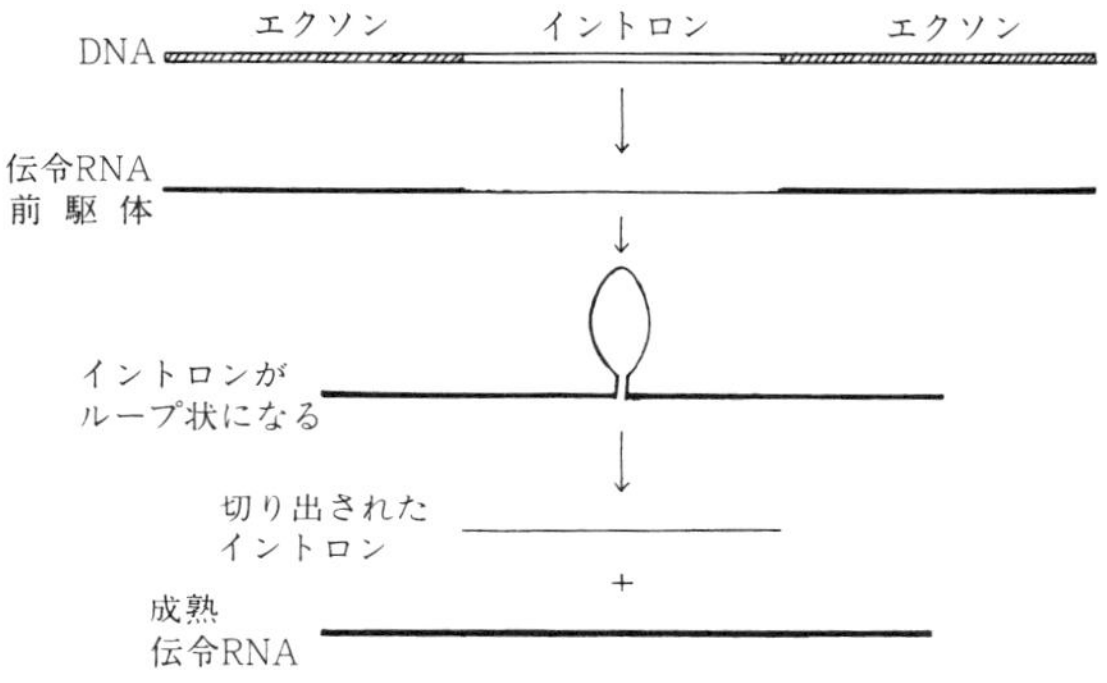

図1・6　伝令RNA前駆体からのイントロンの切出し

解明されたスプライシングのしくみも、やはり塩基の相補的結合（AとU、GとC）に基づくものであった。すなわち、イントロン部分の両端には、特定の塩基配列があって、**図1・6**のように、伝令RNA前駆体中のイントロン部分の両端部を塩基の相補性によって結合させ、イントロンの本体はループ状になるが、両端部をテニスのラケットのグリップを短くしたような形にさせ、その相補的結合の基部で切り出すというものであった。

このように、塩基の相補的結合（AとTまたはU、GとC）は、すでに述べたDNAの分子構造、複製、遺伝情報の転写、その翻訳に基幹的な役割

5　splicing

6　スプライシングにより成熟RNAができる過程をプロセシング（processing）と呼ぶ。

を果たしているだけでなく、運搬ＲＮＡの分子構造、[7] ＤＮＡから伝令ＲＮＡへの転写部分のターミネーター[8]つまり終了部分の形成、[9] さらに、この伝令ＲＮＡ前駆体からのイントロンのスプライシングなど、生命現象の基幹を担っているのである。

■酵素の触媒作用

しかし、高等真核生物が、原核生物よりも複雑なそうした遺伝子の作用機構をもっているにせよ、ＤＮＡの塩基配列に基づき、基本的に同じ遺伝暗号を用いて、特有のアミノ酸配列をもつたんぱく質を合成するという基本は、原核生物から高等真核生物まで同じである。また、そうしたＤＮＡの遺伝情報に従って合成されたたんぱく質が、生命現象を担っているのも、原核、真核を問わず、不変である。

原核細胞内や真核生物の細胞・組織内での、あらゆる合成・分解といった化学反応にかかわっているのは、酵素たんぱくである。酵素は、生体触媒と呼ばれ、生体内でのあらゆる合成や分解の反応過程で、極めて効率の高い触媒として働いている。酵素は、それぞれの立体構造がその働きの主役となっており、反応する物質と結合する部分や、触媒作用に関与する部分という、活性中心または活性部位と呼ばれる構造をもっている。

7　塩基の相補的結合による軸と、結合しないループから成る特有のクローバー型をもっている。

8　**terminator**

9　伝令ＲＮＡが、アミノ酸指定部分の直後で、**rapid RNA folding** と呼ばれるスプーン型をとる相補的塩基配列をもつ。

酵素により化学反応がひき起こされる物質を、その酵素の基質と呼び、酵素がその触媒作用を進めるとき、酵素と基質が立体構造を識別し合って結合し、酵素基質複合体と呼ばれるものを形成する。立体構造が合致しないと結合できず、それゆえ、酵素は、基質特異性をもっている。

また、それぞれの酵素は、反応特異性と呼ばれる性質をもっており、触媒する化学反応が決まっている。たとえば、でんぷんを分解するアミラーゼや、たんぱく質を分解するペプシンなどの加水分解酵素は、加水分解反応しか触媒しないし、デヒドロゲナーゼやオキシダーゼなど酸化還元（脱水素）酵素は、酸化還元反応だけを、カルボキシラーゼのような脱炭酸酵素は、脱炭酸反応だけを触媒する。

さらに、酵素には、最適温度があって、一般に低温では触媒活性が低く、高温になるほど活性が高まるが、ある温度を超えると酵素が変性して（立体構造が変わって）、活性が急激に低下する。★10 また、酵素が働くには、水素イオン濃度指数（pH）がある範囲内にあることが必要で、たとえば、胃の中で胃酸の存在下で働くペプシンは、pHが2前後という強い酸性でよく働くし、唾液に含まれるアミラーゼは、pHが7程度の中性のときに最もよく働く。ペプシンと同じくたんぱく質を分解するトリプシンは、pHが8程度の弱アルカリ性

10 たとえば、哺乳動物の場合は、消化管内など体内温（三七度程度）前後が最適温度であり、それを超えると、活性が急激に低下する。風邪などで高熱を出すと下痢したりするのも、そのためである。

で最もよく働く。こうした最適pHの範囲は、通常、極めて狭い。

このように、酵素は、それぞれ特定の化学反応を特異的に触媒して、極めて効率的に進めており、こうした酵素なしには、生命現象が成り立たないのである。

■ホルモンの働き

ホルモンは、ごく微量で体の恒常性を維持し、調節している生体物質であり、その多くがたんぱく系のものである。副腎皮質や生殖腺から分泌されるホルモンは、たんぱく系ではなく、むしろ脂肪に似たステロイド系の化合物である。

ホルモンの多くは、内分泌腺と呼ばれる器官でつくられる。一部は、胃や十二指腸などの分泌細胞でつくられる★11が、いずれも血液中に分泌される。ホルモンによって、どの器官に作用するかが決まっていて、作用を受ける器官を標的器官という。

ホルモンの働きには、よく相互作用が見られ、フィードバック機構と呼ばれる調節作用も存在する。たとえば、甲状腺ホルモンの分泌は、脳下垂体前葉から分泌される甲状腺刺激ホルモンによって促進されるが、甲状腺ホルモンはまた、脳下垂体前葉に働いて、甲状腺刺激ホルモンの分泌を抑制していて、甲状腺ホルモンが過剰に分泌されないよう調節し

11　食欲を調節しているモチリンがその一例である。同じく食欲を調節しているレプチンは、脂肪細胞から分泌される。

ている。このような調節機構をフィードバック機構というのである。

　この甲状腺ホルモンの調節には、さらに、二重目のフィードバック機構が働いている。つまり、脳下垂体前葉からの甲状腺刺激ホルモンの分泌は、間脳の視床下部の神経分泌細胞から分泌される甲状腺調節ホルモン[★12]によって促進されていて、この甲状腺調節ホルモンの分泌は、甲状腺刺激ホルモンや甲状腺ホルモンによって抑制されているのである（図1・7）。

　ホルモンと神経が協調して行っている調節機構もある。たとえば、血液中の血糖（ブドウ糖）量の調節がそうであり、これに関与している神経は、自律神経である。自律神経系は、交感神経と副交感神経から成っており、その中枢が間脳にあって、意志とは無関係に働く神経である[★13]。

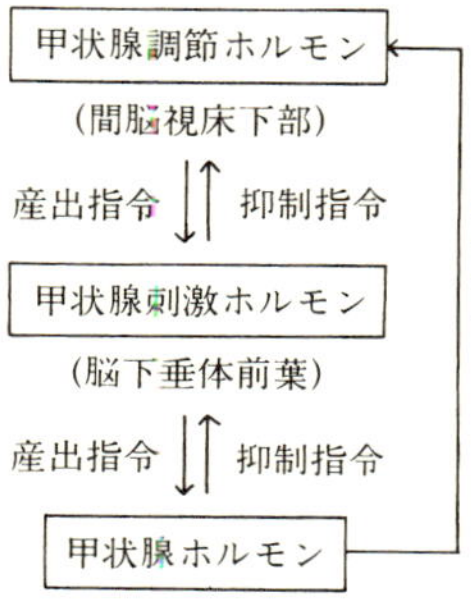

図1・7　甲状腺ホルモンの分泌量調節に見られるフィードバック

　食事のあと、消化が進んで血糖量が増加すると、間脳の視床下部から延髄を経て迷走神経という副交感神経の一つに刺激が伝わり、膵臓のランゲルハンス島と呼ばれる組織のベータ細胞からのインスリン[★14]というホルモンの分泌を促進させる。血糖

12　甲状腺調節因子ともいう。

13　交感神経と副交感神経は、たがいに逆の働きをして拮抗的に調節を行っており、それぞれ心臓の働きを促進・抑制し、瞳を拡大・縮小する。

14　インシュリンともいう。

量の増加は、直接的にもベータ細胞を刺激してインスリンを分泌させる。インスリンには、細胞内への糖の浸透性を高める働きがあるため、細胞内での糖の消費や、肝臓細胞内での糖からのグリコーゲン合成が進み[15]、その結果、血糖が減少する。

一方、血糖が減少すると、視床下部が働いて、交感神経が副腎髄質を刺激し、副腎髄質からのアドレナリンというホルモンの分泌を促進する。アドレナリンは、肝臓細胞に働いて、グリコーゲンをブドウ糖に分解させて血液中に出させ、血糖量を増加させる。また、アドレナリンは、脳下垂体を刺激して、前葉からの副腎皮質刺激ホルモンの分泌を促進し、これによって副腎皮質からの糖質コルチコイドというホルモンの分泌を促進させ、このホルモンがたんぱく質を糖に変化させることでも血糖を増加させている。

さらに、血糖の減少は、直接的に膵臓のランゲルハンス島のアルファ細胞という、インスリンをつくるベータ細胞とは別の細胞を刺激して、グルカゴンというホルモンを分泌させ、それによってもグリコーゲンをブドウ糖に変えさせて、血糖を増加させるのである（図1・8）。

このように、ホルモンたんぱくもまた、生命現象の調節役として、重要な働きをしている[16]。

15　グリコーゲンの合成と分解は、筋肉内でも行われる。

16　ホルモンは、間脳視床下部や標的器官にある受容体（レセプター）たんぱくと結合して働く。ホルモンがごく微量で働くのは、個々のホルモンの受容体がそのホルモンを必要とする部位でしか合成されないからで、受容体が欠損すると働かない。

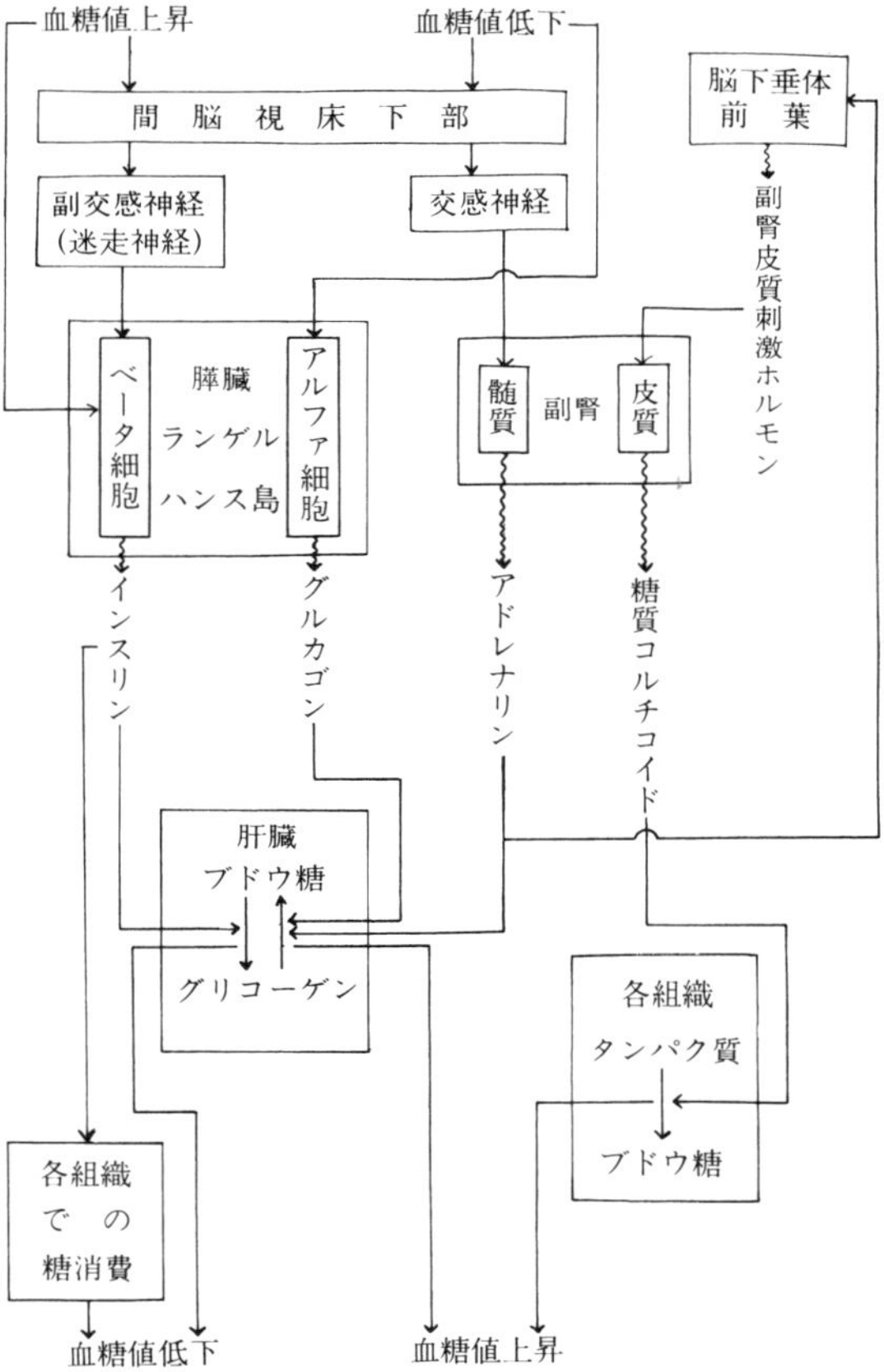

図1・8　血糖量の調節機構

■免疫反応と拒絶反応

　生物には、自己と、それ以外つまり非自己を識別する機能が備わっている。ヒトなど高等動物は、体内に微生物など異物が侵入すると、それを識別して体を防御する免疫反応を示す。この免疫反応は、たんぱくによっており、たとえば、ウサギの静脈にニワトリの卵アルブミンを少量注射すると、ほぼ一週間後には、そのウサギの血液を採ってそれに卵アルブミンを加えると、沈澱物ができるようになる。これは、非自己である卵アルブミンを排除しようとするたんぱくが合成されるからで、このたんぱくを抗体[★17]と呼び、こうした抗体を生成させる原因となった異物（この場合は卵アルブミン）を抗原[★18]と呼ぶ。

　こうした抗原抗体反応は、体内に入ってくるさまざまな抗原に対して起こり、それぞれの抗原と立体的にきちっと合致する抗体がそれぞれつくり出されるのである。

　生物体を異物から防御するたんぱくとして働くそうした抗体をつくり出す抗原抗体反応と、それに基づく免疫反応は、自己と非自己を識別する生物特有の機能によって起こっている極めて重要で不可欠な特徴なのである。

　体内に入った非自己つまり抗原を識別しているのは、リンパ球[★19]の一つであるT細胞である。T細胞は、異物を識別する抗原受容体と呼ばれる特殊なたんぱくをもっていて、この

17　antibody

18　antigen

19　リンパ球は、広義の白血球に含まれるが、骨髄でつくられる狭義の白血球（一二～二五マイクロメートルまたはミクロン）よりも小さく（八～一二マイクロメートル）、脾臓やリンパ節でつくられる。

たんぱくが、さまざまな異物に対する、いわばアンテナの働きをしているのである。そして、このT細胞による異物の識別に基づいて、そうした異物つまり抗原と立体的にぴったり合う抗体を産出しているのが、別のリンパ球、B細胞である。[★20]

こうした抗原抗体反応と基本的に同じ原理で起こっている生体反応は、やはり異物識別に基づく拒絶反応である。たとえば、ひどいやけどをしたとき皮膚移植を行うが、同じ個体の皮膚なら、どの部分から採った皮膚でも、移植した皮膚はしっかりと癒着する。ところが、他の個体から採った皮膚は、それが親子や兄弟姉妹のものであれ、移植したあといったんは癒着したように見えても、一、二週間程度ではがれて脱落してしまう。これは、異なる遺伝子型の他の個体の皮膚細胞がもつ異なるたんぱくをT細胞が識別して、拒絶反応が起こるからである。

拒絶反応は、心臓や肝臓などの臓器移植でも顕著に現れる。肝臓の移植は、近年、生体肝移植として盛んに行われるようになっており、また、脳死状態になった人から心臓などを摘出してそれを移植する臓器移植手術[★21]も、海外ではすでにかなり行われ、日本でも合法的に行われるようになった。[★22]こうした臓器移植の際には、拒絶反応が起こるので、それを抑えるために、免疫抑制剤[★23]が用いられている。

20 次の「遺伝子の「編集」」の項参照。

21 第三章の二および第二巻第四章の四参照。

22 第三章の二参照。

23 拒絶反応抑制剤またはたんぱく反応抑制剤とも呼ばれる。

ところが、この免疫抑制剤は、たんぱく分子によるあらゆる異物識別反応を抑える[24]ものであるから、移植した臓器に対する拒絶反応を抑えるだけでなく、臓器移植を受けた患者の体内での他の異物識別反応をすべて抑えてしまい、その患者は、バクテリアやウイルスなどの侵入に対して無抵抗になるのである。これまでの臓器移植手術の失敗例の多くが患者の感染症によるのは、そのためなのである。

拒絶反応が最も厳しく起こるのは、骨髄移植である。骨髄は、体の防御にかかわるあらゆる血液細胞をつくり出している組織であり、免疫反応の総司令部的な役割をしているため、免疫たんぱくに関する遺伝子型がわずかでも違うと、著しい拒絶反応を示す。骨髄の場合、免疫抑制剤で拒絶反応を抑えることはほとんど無理で、白血病患者や、放射線大量被爆者など、骨髄の増殖能を失い[25]、骨髄移植以外に他の処置法がない場合には、骨髄提供者として骨髄適合者を探すしか道はない。しかし、骨髄適合者は、平均して三〇〇〇人に一人しかいないとされている[26]。

■遺伝子の「編集」

高等真核生物の遺伝子は、すでに述べたように、イントロンという「意味のない」部分

24 第二巻第四章の四参照。

25 第二巻第四章の四参照。

26 稀な場合は、一〇万人に一人もいないことがある。

で分断されていただけではなかった。多数のイントロンに分断された「意味のある」エクソン部分が、状況に応じて「編集」されてたんぱく合成を行うという、さらに複雑で高度な生命現象も発見されたのである。

長い間疑問となっていたのは、体内に侵入する可能性のある、いわば無数の異なる抗原に対して、どうしてその一つひとつに立体的に合致する抗体がつくり出されるのか、という点であった。あらゆる抗原に対する抗体たんぱくをつくる遺伝子をそれぞれ別々にもっているとすると、無数の遺伝子が必要になり、しかも、個々の個体にとってその大部分が実際には役立たない可能性が高いのに、それらをすべて予めもっていることになる。加えて、DNAのすべてが細胞分裂ごとに複製され、すべての細胞に分配されるというのが定説であったから、そのような無駄が生物には許されないと考えられていた。

この疑問は、一九八七年のノーベル医学生理学賞を受賞した利根川進博士らの研究によって解かれた。抗体は、免疫に関係するリンパ球の一つB細胞がつくり出すが、利根川博士らは、先ず、ネズミ胚のB細胞になる前の細胞と、成熟したB細胞とでは、抗体をつくる遺伝子部分のDNAに大きな差異があることを発見した。つまり、B細胞になる前には、抗体をつくる遺伝情報がDNAのあちこちに離ればなれに散在しており、これら情報部分の間に多数のイントロン部分が存在していたが、Ｂ細胞に成熟すると、イントロン部分の大半が抜け落ちていたのである。[27]

また、ネズミの場合、抗体をつくる情報部分が何百個もの断片から成っていて、体内に入った抗原に応じて、それら断片が組み合わされて、多種多様な抗体がつくられることも判明した。つまり、ＤＮＡが「編集」されて多様な抗原に対する無数の抗体をつくり出していたのである。

このように、高等真核生物の抗体たんぱく合成のしくみは、一つひとつの抗原の立体構造に応じて、多数の短いエクソン部分を「編集」して抗体を産出するという、原核生物で解明されたものと比べて、はるかに複雑なものであった。[28]

■生命現象の担い手

以上のように、ＤＮＡの塩基配列として保存されている遺伝情報に基づき合成される酵素たんぱく、ホルモンたんぱく、免疫たんぱくなどが、生命現象の担い手として働いている。しかし、遺伝情報に基づき合成されるたんぱく質には、これら以外にも重要なものがいくつもある。

27　このような細胞の分化に伴うＤＮＡの部分欠落は、それまで想定されていなかった。ただし、この場合ほど顕著ではなくても、その組織に不要な遺伝情報が失われる場合がほかにもあることがのちに判明した（第二巻第四章の四参照）。

28　遺伝子を働かせるプロモーターなどのしくみも含め、はるかに複雑である（第三巻第一章の一参照）。

生物体を構成するたんぱくがその一例である。たとえば、動物の筋肉をつくっている筋肉繊維の主成分は、アクチンとミオシンという二種類のたんぱくである。牛肉、豚肉、鶏肉、魚などを食べると、動物性たんぱく質を摂取できるのは、そのためである。

また、血液中の赤血球がもつ血色素であるヘモグロビンは、肺臓から全身各部に酸素を運ぶという、重要な役目を果たしている。胎児がもつ胎児性ヘモグロビンは、成人のヘモグロビンよりもさらに酸素との結合力が強いが、これは、そうでないと、胎盤を通じて母体から酸素を受け取ることができないからである。出生したあとは、成人ヘモグロビンが合成され始め、間もなく胎児性ヘモグロビンはなくなってしまう。[29]

網膜の細胞で合成されるロドプシンも、光の刺激を神経の興奮に伝達する、視覚の基幹となる働きをしている。

このように、生物体を構成するたんぱく、体内でのあらゆる分解・合成反応を触媒するさまざまな酵素たんぱく、生物体の恒常性を維持している多様なホルモンたんぱく、臨機応変につくられて体を防御している免疫たんぱく、酸素を全身に運ぶヘモグロビン、視覚を司っているロドプシンなど、こうしたたんぱく質[30]が体内のそれぞれの現場で生命現象を担っているのである。

29　もし胎児性ヘモグロビンをもったまま成人すると、次代の胎児は、さらに酸素結合力の強い新型の胎児性ヘモグロビンをもたなければならないことになる。

30　これら以外にも、DNAと結合して染色体を構成するヒストン、遺伝子の働きのオン、オフを制御するDNA結合たんぱく、卵と精子がたがいに同じ種であることを確かめ合う、卵膜と精子の先端にもつたんぱくなど、重要なたんぱくがある。この受精にかかわるたんぱくは、水中で体外受精をする魚類などが雑種形成の防止に獲得したものであるが、体内受精をするようになった鳥類や哺乳類も受け継いでいる。

そして、こうしたさまざまなたんぱく質のすべてが、DNAの遺伝情報に従って合成されるのであるから、生命現象は、遺伝子の働きの綜合結果といえるのである。

四　進化と適応の結果として

これまでに述べてきたさまざまな生命現象と、その根幹となる遺伝情報は、すべてそれぞれの生物種の長大な進化の過程で築き上げられたもので、そのときどきの環境に適応しながら確立されてきたものである。

この地球上のあらゆる生物が、すべて同じ起原をもち、その一つの起原からさまざまに分化し、進化してきたことを最も明白に物語っているのは、ウイルスからヒトまで、基本的に同じ遺伝暗号を用いている事実である。[★1] さまざまな生物が複数の異なる起原をもつとすれば、偶然に同じ六四通りの遺伝暗号を用いるようになったとしなければならず、そのようなことが偶然に起こる確率は、とうてい考えられないほど微小なのである。

ここでは、生物がさまざまに進化を遂げてきた事実と、その進化の過程で獲得してきた多様な適応について説明しておこう。それは、現在の科学技術の適用が、生物の進化と適

1　遺伝物質がDNAでなく、RNAであるRNAウイルスも、遺伝暗号は同じである。

応の過程を忘れたものであるという、本巻の主題とし、かつ本巻の第三章で結論的な問題点を示して、本巻第二章の内容と合わせて、第二巻、第三巻でその具体的根拠の十分な理解を得るためにも必要だからである。

■化石からの証拠

古い地層から発見されるさまざまな生物の化石は、生物の進化を物語る主要な証拠として、古くから研究されている。

古生代二畳紀[★2]から中生代白亜紀[★3]にかけて繁栄していたアンモナイトという軟体動物の化石は、各地でよく発見されるものである。アンモナイトは、現在の巻貝類のような貝殻をもっていたが、現在のイカに似た体をもっていたもので、現在の軟体動物の腹足類（巻貝類）と頭足類（イカやタコ）の共通の祖先であったと考えられる。

中生代ジュラ紀[★4]から白亜紀にかけて、ブロントサウルスやステゴサウルスなどといったいわゆる大型恐竜（爬虫類）の仲間が、同時期に繁茂していた巨大なシダ類植物[★5]に直接・間接的にエネルギー源を支えられて、非常に繁栄していた事実も、こうした時期の地層からこれら恐竜の化石と、炭化したシダ類が発見されたことから判明したのである。また、

2　二億八〇〇〇万〜二億二五〇〇万年前。

3　一億三六〇〇万〜六五〇〇万年前。

4　一億九五〇〇万〜一億三六〇〇万年前。

5　この時期には、現在の裸子植物や被子植物はまだ小型で、巨大なシダ植物が植物界の主流であった。

シソチョウ（始祖鳥）と呼ばれる、爬虫類と鳥類が分化した時期を示す化石も、ジュラ紀の地層から発見されている。

もっと新しい地層からは、哺乳動物の化石が現れ、恐竜が絶滅したあと[6]、哺乳動物が次第に大型動物の主流になっていった様子がわかる。たとえば、ウマの仲間の化石を調べると、新生代第三紀[7]の初期に現れたウマの祖先は、体高四〇センチメートル程度の小型のもので、前足には四本の指、後足には三本の指をもっていたが、第三紀の末期のウマは、体高が一・二メートル程度になり、前足、後足とも、指が一本になっていたことが判明している。さらに、新生代第四紀[8]になると、体高も一・六メートル以上になり、一本指の蹄も大きく発達していた。

このほか、マンモスやマストドンなど旧大陸の絶滅したゾウの仲間の化石[9]や、やはり絶滅した新大陸の大型ネコ属猛獣のサーベルタイガーの化石もよく知られている。マンモスの牙も伸びすぎたが、サーベルタイガーの犬歯は、頭蓋骨に対比して非常に長く太く発達していて、とうてい口を閉じることができなかったと思われる化石も発見されており、犬歯が発達しすぎて絶滅したと考えられている。このような例を定向進化と呼び、ある適応方向に形質を変える遺伝情報が蓄積し始めると、その方向への進化が止まらず、当初は適

6　巨大な恐竜類とシダ類が突然姿を消したのは約六五〇〇万年前であり、化石などで判明している。この突然の絶滅に関する有力な説は、巨大な隕石の衝突を原因とし、その隕石の大気圏での燃焼による大量の煙塵と、地上への衝突による大量の砂塵により日射量が長期間激減して、巨大なシダ類が枯死し、草食・肉食恐竜類が次々と餓死したとしている。

7　六五〇〇万〜一五〇万年前。

8　一五〇万年前。

9　日本列島でも、マストドンのほか、ナウマンゾウやアケボノゾウの化石が発見されている。アケボノゾウの体型は、現在のアジアゾウ（旧名インドゾウ）に似ていたが、牙がずっと長かった。

応形質であったものが、逆に絶滅につながることがある。[★10]

ヒトの進化過程や、類人猿との関係を示す化石も、次々と発見されている。とくに、近年、アフリカで新しい化石の発掘が続いており、類人猿との関係がこれまで以上に解明されると期待されている。ホモ・サピエンス[★11]つまり現在のヒト（新人）は、約一〇万年前に現れたクロマニョン人から始まるとされているが、約二〇万年前に現れ、約八万年前まで住んでいたネアンデルタール人（旧人）、約五〇万年前に現れたピテカントロープス（原人）、これまで二〇〇万年前ごろに出現したとされていたアウストラロピテクス（猿人）などが、類人猿と分かれてヒトへの方向へと進化してきた過程の祖先種と考えられている。なお、アフリカで発見された最新の化石から、アウストラロピテクスの出現が、三五〇万から四五〇万年前と考えられるという。[★12]また、ヒトと類人猿の共通の祖先の出現は、最近の調査で六〇〇万ないし七〇〇万年前とされている。

このように、化石は、生物の長大な進化の過程[★13]を示してくれているのである。

■相同器官にも

現存する異なる生物の形態の類似性からも、進化の証拠が得られる。たとえば、魚類の

10　ヒトの頭蓋骨と大脳の発達やウマの足の発達も、自然の環境中で起こった定向進化の例であるが、人為的な要因が明らかに加わったのはせいぜい数百年前からであり、それによる影響がどうなるかは、現時点では不明である。

11　*Homo sapiens*

12　ヒトの祖先は、アフリカ大陸で生じ、その後アジア、ヨーロッパへと居住域を広げ、やがて全世界にひろがった。

13　大進化という。一方、比較的短い期間での種や亜種の分化などを小進化と呼ぶ。

胸びれ、カエルの前足、カメレオンの前足、鳥類の翼、コウモリの翼、クジラの前びれ、モグラの前足、ウマの前足、ネコの前足、ヒトの腕と手などは、いずれも骨格の構造や筋肉の構造が極めて似ている。これらは、それぞれまったく独立に、偶然同じようなものができたのではなく、共通の祖先がもっていた原型から、それぞれの生物種の生息環境への適応に応じて変化したものなのであり、相同器官と呼ばれている。

植物でも、たとえば、カボチャの巻きひげ（つる）、カラタチのとげ、ウチワサボテンの「葉」、ジャガイモのイモなどは、いずれも他の多くの植物の通常の茎と相同器官であり、また、タマネギの鱗形葉（たまねぎ）、サボテンのとげ、ポインセチアの赤い「花」などは、いずれも通常の葉と相同器官である。

こうした相同器官の一つひとつもまた、それぞれの生物の進化と適応の過程を、実によく表しているのである。

■地理的隔離と生殖的隔離

地理的な隔離と生物の形態の違いとの関係も、進化の証拠となる。進化論[★14]で有名なダーウィンが一八五九年に『種の起源』と題する書物を著したのも、一八三一年から三六年に

14 進化論では、ダーウィンが有名であるが、ともに研究を行ったウォーレスの貢献が大きい。

かけて、イギリス海軍の測量船ビーグル号でオーストラリア、ガラパゴス諸島、南アメリカなどを周り、これら各地で観察した生物の多様性と地理的隔離の実例が大きなヒントとなったからである。

たとえば、ダーウィンは、ガラパゴス諸島のフィンチ[★15]の形態が、島によって少しずつ異なり、とくに摂取する餌によって、くちばしの形が異なることに気づいたのである。植物の種子を食べるフィンチのくちばしは短く太く、昆虫を食べるフィンチのくちばしは細く長く、雑食性のものは、その中間型であった。

地理的隔離による特異的な進化の最も典型的な例は、オーストラリア大陸[★16]特有の有袋類である。有袋類は、この大陸にのみ見られる哺乳類で、カンガルーがその代表例である。この大陸には、カモノハシという、哺乳類でありながら、カモのくちばしのような形をした口をもつ単孔類もいる。とくに有袋類は、この大陸で数百種にも分化を遂げ、さまざまなカンガルーや、コアラ、フクロネズミ、フクロウサギ、フクロモグラ、フクロネコ、フクロオオカミ、フクロモモンガ、フクロアリクイなど、実にさまざまであって、これらさまざまな有袋類が、この大陸のさまざまな環境を分け合って棲息するようになったのである。それは、ちょうど、旧大陸で、胎盤をもつ哺乳類[★17]に見られるように、たとえば、草食

15　ヒワの仲間の鳥。

16　厳密には、オーストラリア大陸のほか、オーストラリアの州であるタスマニアの島々、ニューギニア島、ニュージーランドの二島も含む。

17　有胎盤類。

動物としての旧大陸のウサギに対して有袋類のフクロウサギ、肉食動物としてのオオカミに対してフクロオオカミ、地中生活し虫食のモグラとフクロモグラ、樹上生活するモモンガとフクロモモンガ、アリを食べるアリクイとフクロアリクイというように、みごとに環境を分け合う、適応放散と呼ばれる現象を示しているのである。[★18]

適応放散とは、環境中の空間[★19]、時間[★20]、食物[★21]、物理的条件[★22]などを分け合いながら、あるいは競合しつつも、それぞれの環境条件に適応するさまざまな種に分化していく現象を指している。

地理的隔離に加えて、重要な隔離機構がもう一つある。それは、生殖的隔離と呼ばれるもので、地理的に重なり合ったり、近接して生息していても、雑種または雑種の子孫の出現を防ぎ、集団をたがいに隔離する機構である。雑種形成を防ぐ隔離機構と、雑種ができても雑種の子孫が残らない隔離機構とがある。雑種形成を防ぐ前者には、生殖的差異による隔離、時間的隔離[★23]、機械的隔離[★24]などがあり、雑種子孫が残らない後者には、雑種の生存不能や不妊[★25]・不稔がある。

18　これら有袋類の多くが旧大陸から持ち込まれたり、侵入した動物によって絶滅してしまった（次項参照）。たとえばフクロオオカミ（独特の黒縞をもち、別名タスマニアン・タイガー）は、一九三〇年代に絶滅した。

19　地上、地中、樹上、空中など。

20　昼と夜、夏と冬など。

21　草食、肉食、雑食など食性の違いや、補食する生物種の違いなど。

22　日照、温度、湿度など。

23　典型的な例は、アメリカの周期ゼミと呼ばれるセミで、一三年ごとに現れる種と、一七年ごとに現れる種とがあり、両種がともに現れる機会は、二二一年に一回しかない。

24　交尾器の大きさや形態の違いなど。

■生物の適応

生物は、このように、その進化の過程で、そのときどきのさまざまな環境に適応しながら、異なる種へと分化し、適応放散を遂げてきた。地球全体の環境は、ときには急激に変わり[26]、あるいは長期にわたって安定したりしながら、周期的に変遷し続けてきた。その中で、生物は、急激な環境の変化に対応できず絶滅したものも多かったが、全体としては、緯度や高低による差異、陸と海、多雨と乾燥、季節などに適応し、あるいは地域的な環境の変化にも適応しながら、進化を遂げてきたのである。

たとえば、サボテンの仲間は、日射の強い乾燥した環境に適応して、多肉組織や貯水組織を発達させ、葉をとげに変化させている[27]。南米アンデスのジャガイモの祖先種も、緯度は低いが、海抜四〇〇〇メートル前後のその生息地での、温度日較差[28]が最大二五度にもなる厳しく急変する環境[29]に適応して、種子繁殖つまり有性生殖による多様性の維持と、イモによる栄養繁殖つまり適応型の保存という、子孫を残す二つの方法を獲得している。また、相同器官としてすでに述べた哺乳類のコウモリ、クジラ、モグラ、ウマ、ネコ、ヒトの前足の変化に、ラクダとアリクイの前足の特徴を加えれば、そうした前足の形態と機能の多様な分化も、適応の好例となろう。

25 ラバ、レオポンなど（第二巻第四章の一参照）。

26 本節の注6参照。

27 本章の扉写真参照。

28 一日の最高・最低温度の較差。

29 ボリビア、ペルーのアンデス高原で私が体験した最大温度日較差は、現地の夏期でも二二度に達した。

また、生物の適応は、他の種と無関係ではありえない。それぞれの生物種の環境には、当然、他の生物種も含まれるから、他の植物、動物、微生物との長い接触の中で適応が築き上げられてきたのである。たとえば、アンデス特有のラクダ科の動物リャマは、やはりアンデス特有のイチュウというイネ科の針状の固い葉を食べることができるが、旧大陸からのちに導入されたヒツジやウシは、このイチュウを食べることができない。[30] オーストラリア大陸のコアラとユーカリの関係も同じである。[31] アフリカの草原のシマウマ、ウシカモシカなどの草食動物と、それを捕獲するライオン、チーターなどの肉食動物、さらにその食べ残しを狙うハイエナやハゲワシなども、相互の関係から、草食動物は、何種もが群れをなし、足が速く、持続力があり、生まれてすぐ立ち上がれるといった能力を、肉食動物は、瞬発的な敏捷さや、優れた嗅覚、鋭い牙や爪を、あるいは食べ残された硬い皮や腱でも食いちぎれる顎力や、半ば腐敗したものでも食べうる抵抗力や消化力を、適応の結果としてもっている。

他の大陸から人為的に持ち込まれた帰化植物や帰化動物が、しばしば異常な繁殖を示すのも、他種との関係が重要であることを示している。同じ環境を競合する他の種がいないとか、天敵がいないといった新しい環境では、そうした異常な繁殖が起こるのである。た

30　第二巻第三章の扉写真参照。

31　ユーカリの葉にはヒ素が含まれていて、他の動物は食べることができないが、コアラの消化管内にそれを無毒化する微生物がいるため食べることができる。コアラの子は、母親の糞をなめてその微生物を受け継いでいる。

とえば、日本古来のタンポポを絶滅状態にしたセイヨウタンポポに加えて、その後入ってきたセイタカアワダチソウ、ブタクサなどの帰化植物や、アメリカシロヒトリ、アメリカザリガニに加えて、釣りを楽しむために放流されたブラックバス、ブルーギルなどの帰化動物がその典型なのである。[★32]

なお、セイヨウタンポポのように、競合する在来種タンポポが存在していても、競合する他種が多い北アメリカの本来の生息地で獲得した優れた繁殖力と生存力によって、在来種を圧倒する場合もある。[★33] ブラックバスなど帰化肉食魚が放流された[★34]いくつもの湖で、フナ、アユ、モロコなどの在来淡水淡水魚が激減しているのも同様である。

オーストラリアの有袋類の多くが、旧大陸から持ち込まれたイヌ、ネコなどに殺されたり、ウサギや他の家畜、船底に隠れて侵入したネズミによっても生活圏つまり競合する環境を奪われて滅亡したのも、同じである。

■適応した繁殖力

どんな生物であれ、適応種として現存していることは、その生物種が遭遇する、あるいは直面しうる環境条件に対応可能な何らかの能力をもっていることを意味する。

32　このほかにも、輸入農作物などの急増に伴うさまざまな帰化植物、帰化動物の増加に加えて、海外観光旅行などによる新型の帰化微生物の急増も進んでいる（第二巻第四章の二参照）。

33　セイヨウタンポポの花粉が散ると、在来種タンポポの花粉を不活性化することが最近になって判明した。

34　ブラックバスなど北アメリカ大陸に生息する肉食魚は、最初はアメリカ兵によって、その後日本の釣り愛好家によって、全国のいくつもの湖に放流された。現在では釣り場が客引きに放流しており、ブラックバスの一種オオクチバスによる在来淡水魚の被害がとくに著しい。

繁殖力が極めて強いバクテリアなどは、ある条件のもとでその大部分が死滅しても、わずかでも生き残れば、たちまち元の数まで増えることができる。たとえば、大腸菌は、最適条件で培養すると、三〇分ごとに分裂するから、一細胞から、五時間（三〇〇分）後には一〇〇〇倍以上に、一〇時間後には一〇〇万倍以上にも増える。こうした繁殖力も含めて、環境条件に対する対応能力をもっているのである。[35]

魚類は、その大部分の種が、非常に多数の卵を産み、体外受精によって多数の稚魚が孵るが、そのほとんどが他の魚などに食べられたりして、成魚まで育つのは、多くの場合、ごく一部でしかない。魚種により異なるが、数千分の一、あるいは数万分の一しか成魚にならないものもある。しかし、そうした環境条件に見合うほどの産卵数により、種を維持しているのである。

それとまったく逆なのが、クジラの仲間である。地球上で最も大型の哺乳類であるシロナガスクジラ、ナガスクジラ、マッコウクジラ[36]などは、いずれも成獣になるまでに十数年もかかり、一つがいの雌雄から一度に一頭ずつ、しかも一生に数頭しか出産しない。しかし、それは、これら大型のクジラを脅かす他の生物が、海中にはさほどいないからなのである。

35　バクテリアやカビの場合、悪条件のもとでは、胞子状態や胞子として耐え、好条件になると、これにより急速に増殖することもできる。

36　これら三種のクジラは、それぞれ体長が三五、三〇、二五メートルにも達する、とくに巨大なクジラである。

ところが、人類は、捕鯨と称して[37]、これら大型クジラの少なくとも二種[38]を、絶滅に近い状態にまで減らしてしまった。商業捕鯨の禁止が国際的に打ち出されたのは当然であり、人手で増殖しているウシ、ブタ、ヒツジなどとは異なり、海中に棲み繁殖が遅いクジラを、繁殖力が強い魚類と同じように、近代技術を駆使して確実に捕獲するなら、頭数がたちまち減少するのである[39]。また、大型のシロナガスクジラやナガスクジラは、その巨体を維持するため実に大量のオキアミを食べており、他にオキアミをそれほど大量に食べる生物種がいないため、これらクジラの激減は、南氷洋でのオキアミの大量繁殖をもたらしている。なお、日本政府や捕鯨業界は、「ミンククジラが増えている」として、ミンククジラの捕鯨再開を主張しているが、シロナガスクジラなどよりもかなり小型のミンククジラであれ、その捕鯨を認めれば、南氷洋のオキアミによる汚染の解決が、ますます困難になるだけである[40]。

■さまざまな防御機能

生物はまた、適応の結果として、その自然環境に存在する、したがって生物が遭遇しうるものに対して、さまざまな防御機能をもっている。

37 かつて捕鯨オリンピックとさえ言われ、日本、ソ連、ノルウェーなど国家間や、捕鯨水産会社、捕鯨団間で捕鯨頭数が争われた。

38 シロナガスクジラとナガスクジラ。

39 捕鯨に反対するヨーロッパ諸国やアメリカ諸国に対して、よく「無数のウシを殺しているくせに」と感情的に反発する日本人も多いが、人間が積極的に繁殖させている家畜とはまったく話が違うのである。

40 南氷洋でのオキアミ捕食により多数生息していたシロナガスクジラとナガスクジラの激減が招いたオキアミ汚染は、この両種の個体数が回復するまで、オキアミを補食する他のクジラ種の増加に期待するしかない。

草食動物が本能としてもっている毒草を識別する能力もその一つである。たとえば、ウサギは、キツネノタンポポのような毒草を混ぜて与えても、それを識別する本能をもっており、決して食べようとしない。多くの肉食動物も、腐敗したものを識別する能力をもっている。こうした能力を忌避能という。

また、かりに有害なものを食べてしまっても、それを吐き出す行動を示す場合もある。たとえば、イヌが悪いものを食べた場合に、イネ科の植物の葉を噛んで、その葉に含まれている成分によって胃や食道をけいれんさせ、吐き戻すのをよく見かけるが、これも本能としてその植物種を識別する能力をもっているからである。

さらに、体内に入った有害なものを分解したり、無毒化したりする能力を獲得している場合も多い。バクテリアのような原核生物でも、細胞内に入ってきたウイルスのＤＮＡの特定の塩基配列を識別して、そのＤＮＡを切断するさまざまな制限酵素★[41]をもっており、これによってウイルスＤＮＡを切断して不活性化させている。高等な動物になると、有害な物質を分解したり、無毒化する多様な酵素をもっており、その働きの多くが肝臓で行われている。つまり、肝臓の解毒作用によって体を防御しているのである。ヒトの場合も、アルコールを酵素により後始末しているのは、やはり肝臓である。

41　第二巻第四章の一参照。

すでに前節三で述べた、体内に入ってくるさまざまな抗原（異種たんぱく）に対して、遺伝子を「編集」してそれぞれに対応する抗体たんぱくをつくる抗原抗体反応も、高度に発達した、免疫と呼ばれる防御機能である。

このような免疫反応による防御機能は、肝臓の解毒作用、前節で述べたホルモンと神経のフィードバック機構と並んで、生命現象の健全な維持に根幹的な役目を果たしている。こうした極めて重要な働きをしている血液細胞、肝細胞、神経細胞のいずれもが、近年判明した胚性幹細胞[42]と呼ばれる共通の幹細胞[43]から分化して生じているのである。

このほかにも、高等動物がウイルスの侵入に対して、インターフェロン[44]というたんぱくを合成してウイルスの活性を抑えたり、紫外線に対して、皮膚細胞がメラニンという色素を合成して紫外線を吸収し、表皮の細胞は死ぬが、内部の細胞を守るというような防御機能もある。

高等植物も、病原菌の侵入に対して、侵入を受けた細胞が、過敏感と呼ばれる反応により瞬時に死ぬことにより、その侵入を防ぐ防御機能を築いている。

このように、生物は、実にさまざまな自己防御機能をもっている。これらはすべて、進化の途上で環境との長い接触を通じて築き上げてきたものである。したがって、自然界に

42　ES細胞とも呼ばれている。
43　stem cell
44　第二巻第四章の二参照。インターロイキンというたんぱくも類似の働きをもつ。

存在した、生物が遭遇することができた要因に対してのみ、このような多様な防御機能が築き上げられたのであり、そうした防御機能を獲得した生物種のみが適応種として繁栄してきたのである。

最も重要なのは、自然界にはまったく存在しなかった人工的なものに対しては、生物の長い進化と適応の過程で、どの生物もかつて遭遇する機会がまったくなかったのであるから、そうした防御機能をまったくもっていないということである。[★45]

45　第三章の一のほか、第三巻第一章の一および二参照。

第2章
地球規模の環境破壊と細胞内での遺伝子破壊

東京都内の交通渋滞は、多様なトラック類とバスの大型化によりほとんど改善されていない（共同通信社提供）。ただし、東京都、近隣三県、四政令指定都市によるディーゼル車規制で、大気汚染はかなり改善されつつある。

一　地球規模の環境破壊

一九八〇年代以降、化石燃料の大量燃焼による地球の温暖化や酸性雨、フロンによるオゾン層の破壊、熱帯雨林破壊など、地球規模の環境破壊が大きくクローズアップされ、環境サミットや地球サミットなどが開かれて、頻繁に国際的な対策が協議されるまでになっている。★1 また、八六年に起こった世界最悪のチェルノブイリ原発事故や、九〇年の湾岸戦争、九八年に始まったアメリカ・イギリスによるイラク攻撃★2の長期化など、一つの大事故や相次ぐ局地戦争が、地球規模の環境破壊をもたらすことを如実に示した。★3

こうした地球規模の環境破壊は、局地的に集中的な被害をもたらしていたかつての公害とは異なり、もはや個々の地域、地方、国に限られた問題ではなく、原因物質の排出場所にかかわらず、全世界に影響を及ぼすのである。しかも、原因物質の排出量には、国により著しい差があり、ほとんどの場合、工業先進国がその大部分を排出しているのに、その影響は、これら工業先進国の経済的繁栄の犠牲となっている諸国でも同様に、場合によっては、むしろこれらの諸国でもっと顕著に現れるのである。

1　一九九七年十二月、気象変動枠組条約第三回締結国会議（温暖化防止京都会議）が開かれた。

2　イラクが湾岸戦争に破れたあと、イラクが大量破壊兵器を保持し、放棄しないと断じたアメリカ・イギリスの両国が、国連決議がないまま攻撃を開始したが、結局、大量破壊兵器は存在しなかった。

3　九七年、インドネシアのボルネオ島で、焼き畑や開発作業により起こった熱帯雨林の大規模火災は、記録的少雨という異常気象とも重なって、消火されずに長期にわたって続き、九八年には同島のマレーシア側に

■地球の温暖化

地球の温暖化は、二酸化炭素[4]、メタン、フロンなど、いわゆる温室ガスつまり温室効果をもつ気体の大気中濃度の急上昇によるものである。地球は、昼間、太陽光の熱を受けているが、夜間には、放射冷却[5]により熱[6]を放出し、熱的な平衡を保っている。ところが、温室ガスと呼ばれるこれら気体は、いずれも地球から放出される熱を吸収する性質をもっており、そのため熱的平衡が失われ、地球の温暖化を招いているのである[7]。

温室効果の主役となっているのは二酸化炭素で、化石燃料の大量燃焼による二酸化炭素の急増がこのまま続くと、地球全体の気温が上昇し、南極や北極の氷などが解けて、海面が上昇することになる。そうなると、地球上の広大な平野部が水没するだけでなく、すでに頻発し始めている異常気象[8]が生態系や農業生産に大きな影響を及ぼすであろう。また、太平洋諸国やバングラデシュなどでは、国土の大半が失われることになる。湾岸戦争によるクウェート油井の大規模火災は、そうした方向への拍車をかけた。

二酸化炭素の急増を招いているもう一つの主因は、化石燃料の燃焼量の急増と並行して進んだ森林破壊、とくに熱帯雨林の急速な破壊である[9]。これら森林による光合成量は莫大なもので、光合成は、ブドウ糖を合成すると同時に、二酸化炭素を吸収し、それを酸素に

も広がって、東南アジア一帯に著しい煙害をもたらした。また、二〇〇〇年にも長期大規模火災がインドネシア側で再発し、地球温暖化に拍車をかけることになった（第二巻第一章の二参照）。インドネシアでは、その後も大規模火災が続発している。

4 炭酸ガス。
5 第二巻第一章の一参照。
6 赤外線。
7 第二巻第一章の一参照。
8 第二巻第一章の一参照。
9 次々項参照。

戻す働きなのである。熱帯雨林など森林の破壊によって、光合成による二酸化炭素吸収量が激減し、地球の温暖化を加速させているのである。[★10]

二酸化炭素以外にも、メタン、フロン、オゾン、亜酸化窒素[★11]など、他の温室ガスも温暖化を進めている。いずれも、二酸化炭素よりもずっと量的には少ないが、分子当たりでは一桁以上の大きな温室効果をもち、とくにフロンとオゾンは、それぞれ二酸化炭素の一万倍、二〇〇〇倍もの温室効果をもっている。二酸化炭素以外の温室ガスのうち、メタンは、水洗トイレの普及に伴うその下水処理と、合成洗剤の使用によって不可避的に生じている。[★12]フロンは、スプレー缶の充填剤、冷蔵庫やクーラーの冷媒、半導体の洗浄剤、発泡スチロールなどの発泡剤として大量に使われ、そのほとんど全量が大気中に放出されていた。[★13]また、オゾンと亜酸化窒素は、火力発電や、自動車の使用によって生じている。

これらの温室ガスの強力な規制をもっと早急に進めないかぎり、地球の温暖化がますます加速され、[★14]二十一世紀の今後に、間違いなく深刻な結果をもたらすことになる。

■酸性雨の被害

地球の温暖化とともに起こっているのは、酸性雨問題である。化石燃料の大量燃焼は、

10　注3で、インドネシアでの熱帯雨林の長期大規模火災に拍車をかけたと述べたのも、同じ理由による。

11　一酸化二窒素。

12　生ごみの埋立てによってもメタンが生じる（第二巻第一章の一参照）。

13　オゾン層破壊を防止するため、特定フロンは一九九五年に全廃されたが、その後用いられている代替フロンには、温室効果がずっと大きいものが多い（第二巻第一章の三参照）。

14　事実、八三、八八、九〇年に世界の平均気温の記録を更新して高温が続いたあと、九七、九八年と連続して記録が更新され、その後も高温が続く中で、二〇〇四年に六度目の記録更新がなされた（第二巻第一章の一参照）。

温暖化の主役である二酸化炭素だけでなく、同時に窒素酸化物[15]や硫黄酸化物[16]も大量に産み出しているのである。これら窒素酸化物や硫黄酸化物が環境中に放出されると、大気中でそれぞれ硝酸と硫酸が生じ、雨に含まれて酸性雨を降らせるのである。

酸性雨が一九五〇年代から観察されたのは、スウェーデン南西部であった。バルト海の南側の諸国の工業地帯から出される窒素酸化物や硫黄酸化物が原因の酸性雨が降り、七〇年代初期には、森林や湖沼の死滅も見られるようになった[17]。次いで酸性雨の被害が見られたのは、カナダ南東部からアメリカ北東部に続く森林地帯で、五大湖周辺の工業地帯からの排煙による酸性雨の被害が見られるようになった[18]。どちらもやがて、植林しても苗木が育たないという事態になり、湖沼もまだ完全回復に到達していない。

その後、酸性雨は、世界中のどこでも観察されるようになり、工場には脱硫装置などが設置されるようになったが、増加した自動車（とくにディーゼル車）が主役に加わっている[19]。そして、一九九一年のクウェート油井の大規模火災が酸性雨の被害を拡大したのである。

現在では、食酢よりも酸性度が高い酸性雨が世界各地で観察されている。こうした酸性雨は、単に現存の植物を枯らせるだけでなく、土壌を酸性化し、本来、ほぼ中性に近い条

15 二酸化窒素、一酸化窒素、亜酸化窒素。

16 二酸化硫黄つまり亜硫酸ガス。

17 第二巻第一章の四参照。

18 第二巻第一章の四参照。

19 第二巻第一章の四参照。

件下で陰陽のイオンがほぼ等量生じる無機塩類に依存して成長している植物にとっては、種子の発芽やその成長も不可能な状態すら招くのである。それゆえ、酸性雨が今後も続くならば、森林だけでなく、農作物も含むあらゆる植物が、この地球上で生育困難となるであろう。それは、地球上の生態系全体の崩壊を意味するのである。

■さまざまな森林破壊

前項で述べたように、温帯から亜寒帯にかけての森林破壊は、酸性雨によって一九五〇年代から始まっていた。しかし、さらに広範囲な森林破壊が亜熱帯でも見られるようになり、その後、樹木の成長がもっと早い熱帯雨林で、歴史的・社会的な歪みの結果として、ずっと大規模な森林破壊が進むことになった。

木造家屋が圧倒的に多かった日本では、一九四五年八月十五日の終戦のあと、空襲で失われた広範な市街地の回復のため、学徒動員までしてスギやヒノキの幼木の植林が全国的に進められた。そして、その後も、まずすでに成長していた樹木が、次いで植林して成長したスギやヒノキが、日本で必要とする木材資源の主体であった。日本が経済力をある程度回復すると、木材原料の輸入が始まったが、カナダ、ソ連などからの亜寒帯の針葉樹がその中心であった。
しかし、日本が経済力を回復すると、東南アジアに経済的にどんどん進出するようになり、熱帯林、熱帯雨林の木材の輸入が急速に増加することになった。一九七〇年まではフィリピンの熱帯林が主体であったが、七一年から七五年まではインドネシアの熱帯雨林が主体となり、その後はマレーシアが日本への最大の熱帯雨林木材輸出国となった。こうして日本は、現在では、世界一の熱帯雨林木材の輸入国となっているのである。[★20]
なお、赤道を挟んでほぼ北回帰線と南回帰線の間を熱帯というが、赤道から少し離れていて雨期と乾期がある地帯では、常緑樹のほかに落葉樹も育つ熱帯林が形成されているが、赤道に近く、年中雨期となる地帯では、樹木としては常緑樹だけが生息する熱帯雨林を形成し、蔓植物や林床のシダ類なども豊富で、オランウータンや他のサル類、さまざまな他の哺乳類や、鳥類、爬虫類などの生息動物種数は、熱帯林を大きく上回っている。また、熱帯雨林での常緑樹の成長は早く、物理的法則では、一気圧では地上一〇・二四メートルしか水が上がらないのに、二〇メートルを大幅に超える常緑樹も多層を形成して成長している。[★21]
こうした熱帯雨林の光合成量は、他の森林生態系と比べて格段に多く、この熱帯雨林の

20　当初は、熱帯林や熱帯雨林が育つ植民地の支配先進国が、それぞれの国に珍しい木材資源を送るために伐採させた程度であったが、被支配地域が続々と独立を果すと、支配国でなかった先進国も熱帯木材取得に加わるようになった。木材資源をとくに必要とする日本がその典型で、独立しても資力が貧弱だった独立国を相手に熱帯林や熱帯雨林の伐採を奨め、それを安く買い付けることが始まった。そして、日本の買い付け対象が次第に熱帯林から熱帯雨林へと移ったのである。
21　第二巻第一章の二参照。

存在が、地球上での二酸化炭素量の調節に大きく貢献していたのである。ところが、日本は、この熱帯雨林の木材を安価な木材資源として伐採したり、買い付けたりして、その最大の破壊者となっているのである。熱帯雨林の場合、いったん皆伐すると土砂が流れ出て、周辺の海洋汚染をも招いていて、しかもその回復には年月がかかるのである。★22

22 第二巻第一章の二参照。

■進むオゾン層の破壊

もう一つの深刻な地球規模の環境破壊は、地球を取り巻く成層圏に存在するオゾン層の破壊の進行である。成層圏のオゾンは短波長の紫外線により酸素分子から自然に生成され、波長がわずかに長い紫外線により酸素分子に戻されて、成層圏でのオゾン量の平衡が保たれていた。ところが、オゾン層の破壊が起こっているのは、温室ガスとして地球の温暖化にも加担しているフロンには、そのオゾン層を破壊するという作用もあるからである。★23

23 第二巻第一章の三参照。

オゾン層の破壊が深刻な問題となるのは、成層圏のオゾン層は、太陽から地球に注ぐ太陽光のうち、生物に有害な紫外線の地上への到達量を、大幅に減少させる働きをしているからなのである。ところが、化学的に極めて安定した物質であるフロンが環境中に放出されると、そのまま変わらずに大気中に残存して、地球の温暖化を進めるとともに、成層圏では分解されてオゾンと反応し、オゾン層を破壊するのである。

オゾン層の破壊は、明確に進行しており、人工衛星からの撮影によって、すでに大きなオゾンホール[★24]の形成が繰返し確認されている。[★25] オゾンホールの形成は、地上に到達する紫外線量を大幅に増やすため、遺伝子ＤＮＡ[★26]に吸収されて傷つける紫外線は、突然変異を起こすだけでなく、皮膚がんも誘発する作用もあるため、ヒトだけでなく、生態系や農作物にも影響を与え、安定した自然や農業生産にも影響を及ぼすと懸念されるのである。

■進む砂漠化

地球規模の環境破壊には、各地で進行している砂漠化も含まれる。砂漠化が進むと、広範な周辺地にその明白で深刻な影響をもたらすからである。

アフリカのサハラ砂漠の南西方向への年当たり四キロメートルもの砂漠の拡大は、大砂漠に近い、かなり乾燥した土地での、過剰な家畜の飼育がもたらしているものである。かつてこの地域が植民地化され、物々交換だった社会に貨幣使用が導入されると、貨幣収入に頼ろうとする原住民たちが、草原や灌木の成長速度を超える家畜の飼育を競うようになり、砂漠化が急速に進展することになったのである。[★27]

24　オゾン量がすくなくなった「穴」。
25　オゾンホールは、南極上空で、北アメリカ大陸を上回るほどの大きさのものが形成されており、北極上空でも形成されていて、ともに年々大きくなっている（第二巻第一章の三参照）。また、こうした極地上空だけでなく、たとえば日本でも、一九九一年以降、毎年春に、北海道上空で最も明白に、また他の各地の上空でも、オゾン量減少が報告されている。
26　第一章の二参照。
27　第二巻第三章の一参照。

一方、アメリカの世界一の穀倉と謳われてきたコーンベルト★[28]の南西方向から進んでいる砂漠化傾向は、見渡すかぎり続く大規模農場での、化学肥料と農薬の連続使用と大型農機に頼る近代大規模農業の長期継続がもたらした農地自体の死滅と、経済的理由からの休耕期の冠水停止が、必然的にもたらしたものである★[29]。

これと類似した傾向は、少し小さい規模ではあるがオーストラリアで見られ、それに近い状況が南アメリカのアルゼンチンでも見られている。

こうした砂漠化や、明らかな砂漠化傾向の進行も、やはり異常気象など環境の大きな変化に繋がっているのである。

二　細胞内での遺伝子破壊

以上のような地球規模の環境破壊が、生物の進化と適応の過程を忘れた科学技術を駆使した近代工業社会の中でますます進行し、また、クウェートの多数の油井の大規模火災★[1]やイラク戦争で大量の劣化ウラン弾★[2]が使われたように、戦争によっても進行している一方で、人体や生物の細胞内でも、さまざまな人為的要因による遺伝子の破壊が進んでいる。

28　狭義のコーンベルトは、アメリカ中西部の東側に広がるトウモロコシ栽培地帯を指すが、通常は、その西側に広がるコムギ栽培地帯も含めた広義のコーンベルトを指している（第二巻第二章の三参照）。

29　第二巻第二章の三参照。

1　本章の一および第二巻第一章の一参照。

2　第三巻第二章の六参照。

地球規模の環境破壊という極めてマクロな問題を述べたあと、顕微鏡下でようやく観察可能な細胞内での、しかも分子レベルでの遺伝子破壊というナノ[★3]レベルの話をすれば、読者の多くは、恐らく、いささか戸惑うかもしれない。しかし、地球規模の環境破壊をもたらしている要因のかなりの部分が、直接または間接的に、細胞内での遺伝子破壊も同時にもたらしているのが現実なのである。

■大気汚染物質

たとえば、酸性雨をもたらしている窒素酸化物や硫黄酸化物などの大気汚染物質は、いずれも遺伝子DNAを傷つけ、突然変異やがんをひき起こす性質をもっている。

突然変異を起こす物質を変異原[★4]と呼び、そのような性質を変異原性[★5]という。また、がんをひき起こす物質をがん誘発原[★6]と呼び、そのような性質を発がん性[★7]あるいはがん原性という。そして、変異原とがん誘発原は、たがいにほとんど重なり合っている[★8]。

二酸化炭素、一酸化炭素、亜酸化炭素、亜硫酸、オゾンなど、化石燃料の燃焼によって生じる大気汚染物質は、いずれも変異原性と発がん性を合わせもっている。青とピンクのヘテロのムラサキツユクサ実験株[★9]を用いて、実験室の特殊装置内でこれらを大気汚染物質

3 ナノは一〇億分の一を指し、一ナノメートルは一〇億分の一メートルで、一マイクロメートル（ミクロン）の一〇〇〇分の一である。

4 ミュータジェン（mutagen）。

5 mutagenicity

6 カーシノジェン（carcinogen）、発がん物質、発がん剤ともいう。

7 carcinogenicity

8 第三巻第一章の一参照。

9 第三巻第二章の二参照。

に曝すと、雄蕊毛[★10]に現れる突然変異の頻度が確実に高くなるし、野外の実験でも、大気汚染が著しい地点ほど、突然変異が多く発生することが確かめられている。

オゾン層の破壊と地球の温暖化をもたらしているフロンも、間接的に突然変異やがんをひき起こしている。それは、オゾン層の破壊によって、強力な物理的変異原であり、がん誘発原でもある紫外線の地上への到達量を明らかに増やしているからである。

なお、オゾンは、大気の対流圏に存在すると、温室効果をもつほかに、変異原、がん誘発原としても作用しているが、成層圏に存在すると、紫外線を吸収し、逆に、生物を保護する重要な働きをしていた。しかし、フロンが成層圏まで上昇すると、オゾンを破壊し、オゾンホールが形成されて、危険な紫外線が地上まで到達するようになったのである。[★11]

■さまざまな人工化合物

大気汚染物質以外にも、私たちの環境中には、変異原性や発がん性をもつさまざまな化学物質が存在している。そのほとんど大部分は、人間がつくり出した、自然界にはかつて存在しなかった人工化合物であり、その大半が石油を原料とした有機化合物である。

たとえば、かつて世界中で使われた強力な有機塩素系殺虫剤のDDTやBHC、トラン

10　ムラサキツユクサの花には六本の雄蕊があり、各雄蕊には二五ないし三〇前後の細胞が一列に並んだ六〇本前後の雄蕊毛があって、優性の青から突然変異で劣性のピンクに変わった細胞が簡単に識別される（第三巻第二章二の写真2・2および図2・6参照）。

11　化石燃料の燃焼により危険なオゾンを地上に放出し、フロンの放出により生物を護っていた成層圏のオゾン層を破壊したのは、生物の進化と適応の過程を忘れた科学技術の二重の大きな過ちであった。

12　殺菌剤、防カビ剤、殺虫剤、除草剤など（第二巻第二章の二および第三巻第一章の二参照）。

13　合成殺菌料、合成保存料、酸化防止剤、合成着色料、漂白剤、乳化剤、人工甘味

スやコンデンサーの絶縁体やノーカーボン紙などに広範に使われ、カネミ油症事件も起こした有機塩素化合物のＰＣＢ、日本でのみ使用が認められていたニトロフラン系合成保存料のＡＦ２は、もちろんどれも石油を原料としている。これら以外にも、他の農薬類[★12]やさまざまな食品添加物の多く[★13]、さらに、ビニール、ウレタン、スチロールなどのモノマー（単体）や、アルキル化剤、トリクロロエチレンなども、やはりいずれも変異原性や発がん性をもつ化学物質であり、石油を原材料としてつくり出された人工有機化合物なのである。[★14]

また、強力な変異原、がん誘発原であるダイオキシンは、石油からつくり出される塩化ビニールや他の有機塩素化合物の燃焼などによって生じているし[★15]、やはり変異原性や発がん性をもつトリハロメタンも、石油を原料とする合成洗剤（合成界面活性剤）の使用により生じており[★16]、ともに非意図的に生じている人工有機化合物なのである。

こうした人工有機化合物は、その大部分が極めて安定した物質であるため、環境中でほとんど変化せず、しかも、生物がかつて遭遇したことがない物質であるだけに、生物体内に入ると、それを分解する能力も、積極的に排出する能力も、どんな生物ももっていないのが当然で、体内に蓄積されることになる。[★17]そして、変異原、がん誘発原として、長期間にわたって影響を与え続けるのである。[★18]

料、人工調味料など（第二巻第二章の四および第三巻第一章の二参照）。

14　第三巻第一章の二参照。

15　第三巻第一章の三参照。

16　第三巻第一章の四参照。

17　ＤＤＴ、ＰＣＢ、ダイオキシンなどは、変異原性、発がん性に加えて、環境ホルモン（内分泌攪乱化学物質）としても作用し、性を攪乱することが近年になり判明した。このほか、ポリカーボネートの原料ビスフェノールＡ、スチロール容器の原料スチレンなども同様な作用をもっている（第三巻第一章の二参照）。

18　ただし、ウイルスなど単純な微生物の場合は、長寿命の多細胞生物とは明白に異なり、変異原性と急性毒性も合わせもつものに曝されても、ごく一部が生き残ると、ＤＮＡを一本しかもたないことから、高等生物

しかも、これら変異原、がん誘発原の最も深刻な問題点は、その影響が長期間を経てから現れることである。がんは、誘因に曝されたのち年月を経てから現れるし、突然変異の場合も、のちの世代になって初めて現れる[19]。つまり、被害の確認に長期間を要し、因果関係の証明も困難なのである。したがって、そうした変異原性や発がん性が認められたときには、すでに無数の人びとがこれら原因に曝されてしまっており、長蛇の「被害予約者」を産み出してしまっているという空間的広がりとともに、時間的広がりも合わせて示すという点で、かつての公害よりもさらに深刻なのである。

■人工放射性核種

さらに、人類は、原子力利用によって、さまざまな人工放射性核種を産み出し続けている。人工放射性核種は、地球上にかつて存在しなかった放射性核種のことで、天然に存在している自然放射性核種とは異なり、生態系内や生物体内でそれぞれ特有の挙動を示し、核種ごとに特有の組織や器官に蓄積・濃縮される。とくに、自然放射性核種が存在しなかった元素[20]に人工放射性核種が生じると、著しい蓄積や濃縮が起こりやすい[21]。

たとえば、天然に存在するヨウ素は、その一〇〇%が非放射性のものであるが、それと

のような優性、劣性の関係がなく、どんな新しい突然変異が起こっても、新型として急増殖できる。二〇〇六年末に現れた新型のノロウイルスがその典型である（第三章一の末尾から二項目参照）。

19 生殖細胞ではない体細胞で起こった体細胞突然変異については第三巻第一章の一参照。

20 放射線被曝の心配がまったくなかった元素。

21 第三巻第二章の三参照。

は対照的に、原子炉の中で産み出されるヨウ素は、最も大量に生じるヨウ素一三一に加えて、同一二九ほか五核種があって、計六核種ともすべて放射性のものばかりなのである。★22
もともと、自然界では、ヨウ素つまり非放射性で安全であったものは、海には豊富に存在したが、陸上には乏しかった。それゆえ、陸上に進出した生物は、ヨウ素を効率よく取り込み、蓄積する性質を獲得しなければならなかった。そして、植物は、空気中から体内に数百万倍にまで濃縮する機能を獲得したし、ヒトなど哺乳動物も、ヨウ素を最も必要とする甲状腺に選択的に濃縮する機能を獲得したのである。こうした機能は、天然の非放射性ヨウ素に適応したものであったが、放射性ヨウ素が環境中に出されると、生物は、その危険な人工放射性ヨウ素を濃縮して、体内から大きな被曝を受けることになったのである。

ストロンチウム九〇やセシウム一三七など、他の人工放射性核種も同様で、ストロンチウムは骨に沈着し、セシウムは筋肉と生殖腺に蓄積する。

このように、放射性核種もまた、人工的につくり出されたものは、非放射性のその元素に適応した生物を欺くのである。

そして、一九八六年のチェルノブイリ原発事故は、人工放射性核種の大量放出による、かつてなかった規模の「被害予約者」を出してしまった。

22　第三巻第二章の一参照。

■人工的条件も

人工化合物や人工放射性核種だけでなく、人工的につくり出される条件も、細胞内で遺伝子を傷つけ、染色体に異常をもたらす場合がある。

たとえば、人類が宇宙空間に進出すると避けられないのが無重力であるが、一九六六〜六七年のアメリカの生物衛星実験で宇宙に送られたムラサキツユクサの雄蕊毛は、無重力が細胞分裂の方向を乱し、染色体の等しい分配も乱すことを明らかに証明していた。[★23]

このことは、ジェット機や新幹線など高速の交通手段を利用すると、通常の輸送手段よりも、体の疲労をより強く感じるのと同様で、生物として、それぞれの祖先種も含めて自然の中で経験していた最大速度をはるかに超えて、内耳にある方向・速度を感じ取る機能を撹乱するからなのである。

また、魚や肉を焼いても、発がん物質が生じるとよくいわれるが、これも、実は、人工的な条件がもたらしているものである。つまり、一九八〇年代にカロリーアップされた都市ガスなど、高温燃焼する燃料で魚や肉を直焼きすると、トリプPと呼ばれる発がん物質が生じやすいのであり、昔のように、炭や薪で焼く場合は、燃焼温度がそれほど高くないため、こうした物質がごくわずかしか生じなかったのである。

23 ただし、この実験結果は、一九六九年のアメリカのアポロ計画による月面着陸成功後まで、機密扱いにされた。また、九二年のアメリカのスペースシャトル「エンデバー」の実験でも、その後続けられた同様な宇宙での実験でも、無重力の生物学的危険性が繰り返し実証された(第三章の一参照)。

三　一般市民の加害者化

以上に述べたように、かつての局地的な公害とは異なり、地球規模でも遺伝子レベルでも起こっている現在の環境破壊は、その両面で一般市民の加害者化を招いたという深刻な実態を明示しながら進行している。しかも、長期間を経てから現れるがんや、のちの世代に現れる突然変異という時間的な広がりもますます顕在化している。

かつての公害では、環境を汚染させ、被害を生じさせた加害者と、その被害を受けた被害者とが、それぞれ対置されるべきものとして明確に区別できた。古くは足尾銅山による重金属汚染と酸性雨、戦後の有機水銀による水俣病、カドミウム汚染によるイタイイタイ病、ＰＣＢが混入した食用油によるカネミ油症、森永ヒ素入りミルク事件、サリドマイド禍、工場排出の煙害としての大気汚染による四日市や川崎のぜんそくなど、これらすべてがそうであった。そして、これらは、いずれも「公害」と呼ばれたものの、実体は、企業が利潤追求の過程で起こした「私害」と呼ぶべきものであった。[★1]

ところが、現在の消費社会では、企業が売り出したものを使い、消費し、使い捨てるこ

1　かつての「公害」という表現は、政府、地方自治体、あるいは社会全体としても、日本の経済成長への貢献を重視して、被害者にはほとんど目を向けない一方的なものであった。

とによって、変異原やがん誘発原を発生させたり、加えさせたり、あるいは二酸化炭素など温室ガスを増加させるなどして、一般市民が加害者であり、かつ被害者でもあるという構造がつくり出されているのである。

■自動車の使用

その一つの典型は、ガソリンや軽油を燃料とし、二酸化炭素のほか、窒素酸化物、硫黄酸化物および浮遊粒子状物質を発生させている自動車の使用である。

ガソリン車は、日本でも、一九八五年ごろから台数が急速に増えたうえ、大型化もますます進んでいる。自動車メーカーが頻繁にモデルチェンジしながら、購買欲をそそり、より大型のまたはスポーティーな、より排気量の大きな車へと買い換えさせていた時期が長く続き[★2]、最近は不景気から小型車も増えているが、全体の傾向は変わっていない。排出ガス規制[★3]も、あくまでも濃度規制であり、排気量が大きくなり、台数が増えれば、前述の有害ガスなどの総排出量が増えてしまう。メーカーは、燃費の改善を謳っているが、台数増や大型化のほうが顕著で、全体としてガソリン燃焼量が増え、二酸化炭素の総排出量も、それに応じて増加している。こうした車をステイタスシンボルとして購入し、通勤やレ

2　とくにレジャー用の排気量の大きいＲＶ車（recreational vehicle）、四輪駆動車などが次々と発表、宣伝され、売り出されていた（本節の注5参照）。

3　日本でのガソリン車に対する規制は一九七四年から始まり、その後も段階的に規制が強化されたが、総量規制ではなく、まだ濃度規制にとどまっているのが現状である。

4　第二巻第一章の四参照。

5　とくにレジャー用の排気量が大きいＲＶ車の四輪駆動車が売り出されたが、ディーゼル車がとくに多

ジャーに使うことで、そうした購買者や運転者が加害者と化しているのである。

ガソリン車以上に問題なのは、ディーゼル車である。ディーゼル車は、国による排出ガス規制がまだなく、[★4]後述する首都圏自治体によるディーゼルエンジン搭載のトラック、バスへの規制が最近始まるまで、窒素酸化物、硫黄酸化物、浮遊粒子状物質とも、ガソリン車の何倍もの高濃度で排出して走っていた。大部分の自動車メーカーも、ガソリンよりも格段に安価な軽油で走るディーゼル乗用車まで、「燃費が安い」と、販売を競っていた。[★5]そうしたメーカーの企業体質が最大の問題であったが、燃費が安いとディーゼル乗用車を買って使えば、とくに加害程度が高いユーザーとなったのである。

もちろん、ディーゼル乗用車よりも、トラック、バスなどずっと大きいディーゼルエンジンを搭載した大型車のほうが、大気汚染物質の総排出量がずっと多く、はるかに大きな環境汚染源となっていた。[★6]首都圏の東京都と、神奈川、埼玉、千葉の三県、その三県の四政令指定都市が共同して、二〇〇三年から、独自のディーゼルトラック、バスの規制を始めた[★7]のも当然であった。また、モトクロスやサーキット走行、さらに暴走族など、二輪車も含めての環境破壊も著しい。しかしながら、そうした異端な例を除いても、不急・不要の自動車使用による一般市民の加害者化は、現状から見てやはり顕著なのである。

かっただけでなく、急増したそうしたオフ・ロード車による海岸、河川敷、山林などの自然破壊も各地で目立つようになった。

6 ただし、近年になって、改良型ディーゼルエンジンの開発が進み、新型のバスやトラックに搭載されている。また、信号待ちや停留所などでアイドリングストップをするバスなども増えている。

7 政府の規制を待てないとして、東京都が先ず実施を決め、近隣三県とその三県の四政令指定都市が同調して、浮遊粒子状物質除去などの指定装置を未装置のディーゼルトラックなどの都、三県、四政令指定都市内の走行を禁止した。つまり、東京都、神奈川、埼玉、千葉三県全域での走行が、改善なしでは不可能となったのである。

■電力の大量消費

電力の大量消費も同じである。ますます大型化している電気冷凍冷蔵庫や、クーラーの普及のほか、パネルヒーターなど電気暖房器具、電気温水器、乾燥機つき全自動洗濯機、さらに完全電化キッチンなど、電力を大量消費する電化製品がどんどん売り出され、買われている。また、テレビもますます大型化し、室内照明も豪華なものが増えている。そして、だれもいなくなる部屋の照明をこまめに消していたかつての習慣は、もはやほとんど見られない。

電力を大量に消費する現場では、確かに、二酸化炭素も、窒素酸化物も、硫黄酸化物も生じないし、故障がないかぎり、冷媒のフロンが逃げ出すこともない。また、クーラーが熱を大量に出していても、その熱は室外に放出されているから、室内にいるかぎり気にならない。電力による冷房は、室内の温度を外気よりも五度下げ続けていると、必然的に室外の等量の空気を一五度上昇させ続けているが[★8]、そのことがクーラーの使用を止めさせるのではなく、近隣の家庭やオフィスでのクーラー使用を、ますます普及させているのである。

夏期などのビールや清涼飲料などの自動販売機は、屋外の苛酷な高温条件下で、いつ売

8　クーラーのエネルギー効率の限界から、室内の温度を一定値下げると、外部に放出される熱により、外部の同体積の空気の温度が、下げた温度の三倍上昇する。

れるかわからない分も含めて、冷し続けているし、冬期になると、日本酒やコーヒー飲料などを、自動販売機がいつ売れるかわからない分も暖め続けていて、ともに大量の電力を浪費している。これらの利用者は、コインを入れさえすれば手軽に買える便利さは感じても、電力の大量浪費を実感することは、ほとんどないであろう。[9] しかも、これら自動販売機から買うものには、アルミ缶入りのものが多く、そのアルミ缶は、「電気の缶詰」と呼ばれているように、大量の電力を消費して生産されているのである。[10]

しかも、こうした電力の大量消費は、発電現場での、火力発電による大気汚染物質の放出量や、原発の運転による人工放射性核種の生成量を、ますます高めているのである。とくに、原発は、現場以外でも、ウラン採掘、精錬、濃縮に大きな費用と汚染を伴っているうえ、その危険性から原子炉を大都会から離れた地域に設置するため、長大とならざるをえない送電設備設置にも大量の石油を消費し、かつその際にも、大気汚染物質を大量に放出している。

したがって、本節で論じたように、電力を大量に浪費することによって、一般市民がやはり明らかな加害者と化しているのである。

9　こうした自動販売機は、他の先進国と比べて、日本で特段に多い。酒類やたばこの自販機が未成年者の飲酒や喫煙の温床となっていることから、日本でもその是非が論じられ始めている。また、さまざまな自販機が歩行道路を占拠していたことは問題となったが、エネルギー浪費の観点からの論議はまだ極めて少ないのが現状である。

10　アルミ缶のリサイクルは、かなり改善されているが、まだ全量までには遠いのが実情である。

■人工化合物の使用

自動車の使用、電力の大量浪費以外にも、一般市民が加害者になっている例は数多くある。それは、さまざまな人工化合物の使用によるものである。

たとえば、プラスチック類の使い捨てである。人工化合物であるプラスチック類は、もともと耐久力があることから広く使われるようになったが、やがて生産企業が販売継続が困難な耐久材としてよりもと、気楽に使い捨てできるプラスチック製品を開発すると、それが一段と広く愛用されるようになり、家庭からのプラスチックごみ量が格段に増大する結果を招いた。そして、そうしたプラスチック類には、塩素を含むものがかなり多かったため、それらがごみとして焼却されることによって、ダイオキシンという、強力な発がん性、変異原性、催奇性を合わせもつ物質が大量に産み出される結果となったのである。さらに、プラスチック類には、もう一つの問題点があった。それは、メーカーや製品によってさまざまな添加物が加えられていて、一括してリサイクルすることが困難であったことである[★11]。

また、合成洗剤つまり合成界面活性剤に頼った、かつて「革命的」と謳われた洗剤は、電気洗濯機の普及とともに広く使われるようになり、間もなく洗剤の主流となったが、合

11　それゆえ、リサイクル可能なプラスチック類以外は、使用を避ける必要がある（本章の二および第三巻第一章の三参照）。

成洗剤がまったく分解しないまま除去する汚れ物質[12]としての有機物は、下水中や流れ着いた河川などの水中で嫌気性バクテリアによって分解されてメタンが生じ、それが水道水の滅菌に使われる塩素と反応して、変異原性と発がん性をもつトリハロメタンを水道水中に生じさせている。[13]しかも、メタンは、地球の温暖化を招いている、二酸化炭素に次ぐ温室ガスなのである。[14]

殺菌剤、殺虫剤、除草剤など農薬類の使用も同じである。農薬類は、そのほとんどすべてが人工化合物であり、程度の差こそあれ、変異原性や発がん性をもっている。しかも、農薬類の多くが残留性をもつため、その使用によって、環境の農薬汚染とともに、安全であるべき食品の農薬汚染をもたらしている。[15]

このように、プラスチック類を使い捨て、合成洗剤を使用し、また農薬類を散布することによって、一般市民が加害者となっているのである。

以上のような例示に加えて、旧『環境学』では、第八章つまり結びの章に入れていた結論的内容を、本書では、敢えてこの第一巻の次の第三章に入れることにしたのは、読者が本巻に続く第二巻、第三巻でも論じるさまざまな問題でも、一般市民が、知らず知らずのうちに、直接的、間接的に加害者に仕立てられている事例が数多くあり、なぜそういう仕

12　第三巻第一章の四参照。

13　本章の二および第三巻第一章の一参照。

14　本章の一および第二巻第一章の一参照。

15　第三巻第一章の二参照。

組みが科学技術の時代と謳われている中で構築されてしまったのか、本書のいずれの巻の論点からも、読者が疑問を残さないよう、じっくりと考える道筋が見えてくるであろうと考えたからである。

第3章
生物の進化と適応の過程を忘れた科学技術

1986年1月28日、打ち上げ直後に燃料漏れにより爆発し、7人の犠牲者を出したアメリカのスペースシャトル、チャレンジャー。（共同通信社提供）

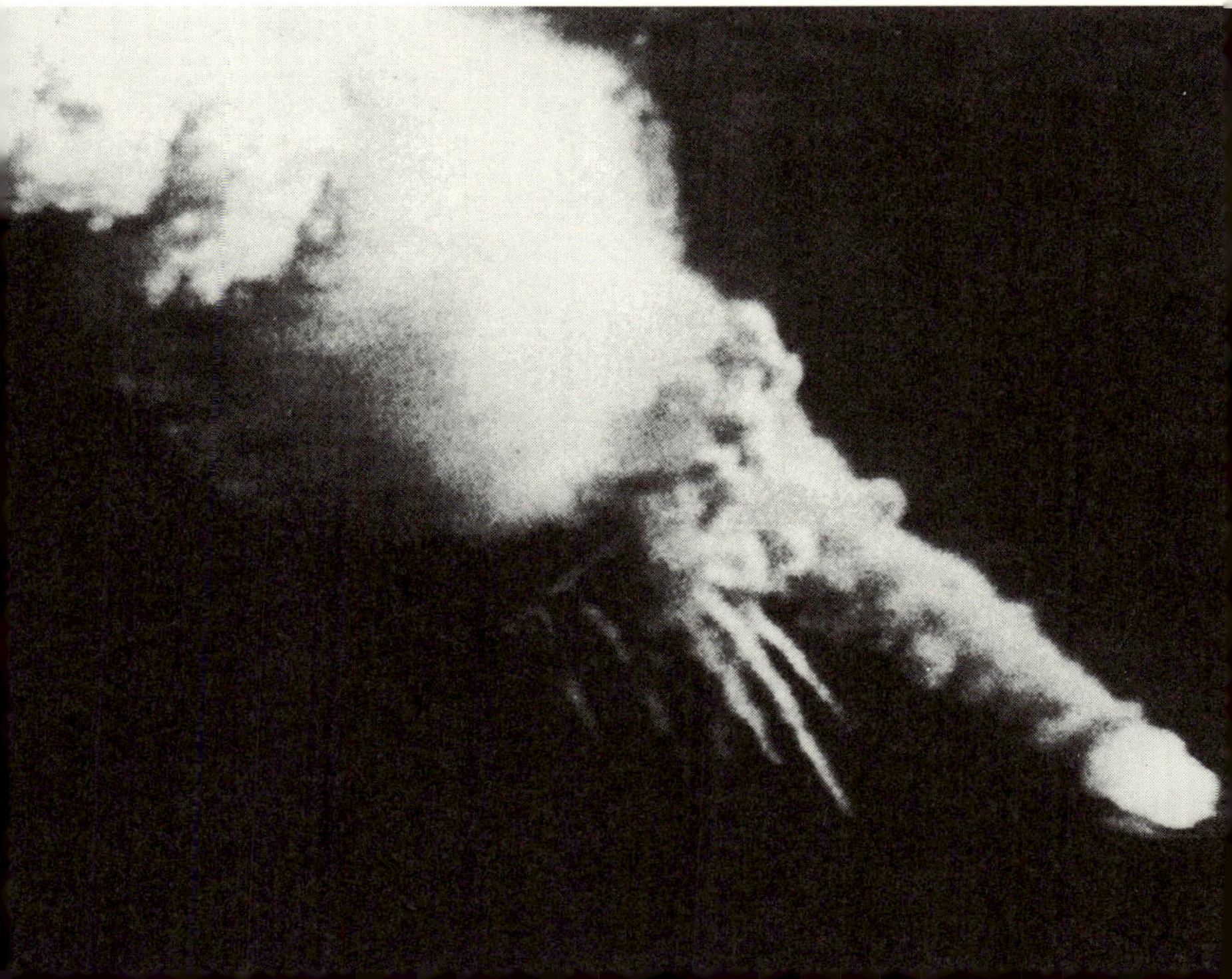

一　人工のものへの適応を知らない

第二章の末尾で述べたように、本書三巻全体の結論的内容を敢えてこの第一巻の第三章に移して、本巻の題とした「生物の進化と適応の過程を忘れた科学技術」を、先ず鮮明にする編成を採択することにした。

経済性または経済効率を最優先してきた現代社会は、科学技術の適用もその範疇で取捨選択してきたし、多くの場合、個々の時点での経済性や経済効率を最優先してきた。どちらがより経済的かという科学技術の適用こそが、現在の環境問題をもたらしたのである。同じことは、消費者としての一般市民にもあてはまる。何があるいはどちらがより安価に入手でき、より利便性に優れ、より快適なのかが、すべての尺度であった。

しかし、そうした経済優先主義や利便追求思考は、最も重要な視点を忘れ去っていた。それは、近代科学技術の適用が、恵まれた地球の自然環境の中での、ヒトを含むあらゆる生物の進化と適応の過程をすっかり忘れたものであったという視点である。

■「人工」を改めて問う

本巻の第二章で簡潔に述べ、第二巻、第三巻で詳述するさまざまな問題点は、いずれも人工的なもの、つまり生物が長い進化と適応の過程でかつて遭遇したことがないものに対して、遭遇したことがないがゆえに適応を知らず、それゆえまったく対応できなかったり、進化の過程で獲得してきた自然環境に存在したものに対する優れた適応がかえって悲しい宿命となったり、誤った反応をしてしまったりして、生態系が破壊され続けてきたことを明示している。

自然環境中に存在しなかった人工化合物が生体内で分解も排出もされずに蓄積したり、人工化合物を生体内で有害なものに変えてしまったり、これまで安全であった元素につくり出された人工放射性核種が生体内で著しく濃縮されたり、さまざまな人工的な条件が生態系を破壊したりする例は、いずれも、私たちの科学技術というものが、生物の進化と適応の過程を忘れたものであったことを訴えている。

最新のバイオテクノロジー[★1]もまた、生物の進化と適応の過程を忘れたまま、人為的な手を加えた生物を次々と産み出しつつある。

このように、人工化合物、人工放射性核種、人工的条件、人工生物など、さまざまな人

1　第二巻第四章参照。

工的なものが、細胞内で遺伝子DNAを破壊し[2]、個体に性の撹乱[3]と免疫毒性[4]をもたらし、生態系を破壊し[5]、さらに地球規模でも環境を破壊しているのである[6]。私たちは、生物がその進化と適応の過程でかつて遭遇したことがまったくなかったこうした人工的なものがもつ意味を、緊急かつ真摯に問い直す必要がある。

■宇宙開発の問題点

生物の進化と適応の過程を忘れた科学技術の典型的な例は、かつてアメリカと旧ソ連がともに競い合った宇宙開発の技術であった。

一九八六年一月二十八日、アメリカのスペースシャトル、チャレンジャーが、フロリダ州ケネディー宇宙センターから打ち上げられた直後[7]に爆発し、同時中継で世界中の人びとが見ていたその目前で、初の宇宙飛行士となった高校教師クリスタ・マコーリフさんを含む七人の宇宙飛行士が全員即死した。この爆発事故は、それまでのアメリカおよびソ連の宇宙飛行による犠牲者数七名[8]を一瞬にして倍加させるものとなったが、この事故も想定外の事故であった。

打上げロケット用の燃料タンクは、金属製の円筒をいくつか合成ゴムで連結させたもの

2　第二章の二、第三巻第一章の一、同巻第二章の二および三参照。

3　第三巻第一章の二参照。

4　第三巻第一章の二および三参照。体内に入ったダイオキシンは、受容体たんぱくと結合して、胸腺で成熟する免疫の主体T細胞（第一章の三参照）を自滅させ、バクテリアやウイルスに対する免疫能を低下させる免疫毒性をもつことが最近判明した。

5　第二巻第一章の二および四、同巻第二章の二および三、同巻第三章、第三巻第二章の一参照。

6　第二巻第二章の三、同巻第三章の一参照。

7　打上げ七三秒後、高度一万六〇〇〇メートルで爆発した。

8　一九六七年一月二十七日、アメリカのアポロ一号の打上げ予行演習中の火災事故

であった。この合成ゴムは、打上げ時の空気との強い摩擦による高温を考慮して、高温時の特性に関するテストは何度も繰り返されていたが、低温時の特性については、打上げ場所が常夏のフロリダであるため、ほとんど考慮されていなかった。ところが、打上げ当日、フロリダは異常気象に見舞われており、スペースシャトル本体やロケットにつららが下がるほどの低温になっていた。そのため、合成ゴムの弾性が極端に低下していて、打上げ直後にそこから燃料漏れを起こし、これに引火して瞬時に爆発したのであった。

原発の大事故[9]と同様に、大事故は、想定外事故として起こるのである。

スペースシャトルの打上げに際してこうした想定外事故が起こった背景には、宇宙技術の開発には別の本当の狙いをもっていたのに、それを隠して国策を遂行しようと急いでいたという事実があった。すなわち、宇宙技術の開発は、アメリカの場合はＮＡＳＡ[10]が行っていたが、一般市民の関心を、宇宙の神秘や、月の裏側、火星の生物の有無、土星の輪、さらに「月の土地を買う」、「核戦争時に宇宙に脱出できる[11]」などといったかずかずの「夢」に向けさせながら、実は、核兵器の運搬手段としてのロケット開発と、その電子誘導技術開発に本当の狙いがあった（直後の本文参照）のに、そうした本当の狙いを隠しながら進められていたのである。チャレンジャーに女性高校教師を乗り組ませたのも、一般市民の

で三名、同年四月二十三日、ソ連のソユーズ一号の帰還時の墜落事故で一名、七一年六月三十日、ソ連のソユーズ一一号の帰還時火災事故で三名の、計七名の犠牲者が出ていた。

9　第三巻第二章の一参照。

10　アメリカ航空宇宙局（National Aeronautics and Space Administration）。

11　はたして何人脱出できるというのか。

目をそちらに向けさせる、そうしたカムフラージュの一つであった。

したがって、宇宙技術開発の陰で、その本質が常に隠され続けていたのである。

■無重力は有害

宇宙技術開発の陰で隠された重要な事実の一つに、無重力の影響がある。

ＮＡＳＡは、一九六六年から六七年にかけて、生物衛星[12]実験を行った。アメリカは、当時、ソ連に大きく差をつけられていた宇宙技術を一気に逆転させようと、アポロ計画という、月に人を送るプロジェクトを国威をかけて遂行しようとしていた。その予備段階の一つが、宇宙空間での生物学的影響を調査するその生物衛星実験であった。

当時、私たちがブルックヘブン国立研究所で開発したムラサキツユクサの雄蕊毛[13]の突然変異検出系としての優秀さが認められていた[14]ため、ＮＡＳＡから要請されて、私たちもその生物衛星実験に参加した。ムラサキツユクサ以外には、大腸菌、酵母菌、ショウジョウバエ、ネズミの培養細胞が実験生物材料として選ばれた。この生物衛星実験、とくにムラサキツユクサの雄蕊毛から明白に判明したのは、無重力が有害であるという事実であった。

すなわち、ムラサキツユクサの雄蕊毛がみごとに証明してくれたのは、無重力が細胞分

12　バイオサテライト（Bio-satellite）。
13　第三巻第二章二の写真2・2参照。
14　第三巻第二章の二参照。
15　第三巻第二章の図2・6

裂を乱すということであった。ムラサキツユクサの雄蕊毛は、それぞれ一列に並んだ細胞から成っているが、細胞が一列に並ぶということは、細胞分裂が常に一定方向に起こることを意味していた。[15]ところが、生物衛星で無重力を経験したあと、地球に帰還したムラサキツユクサの雄蕊毛は、細胞が一列に並ばず、ジグザグになったり、枝分かれしたりしていた。細胞分裂が一定方向ではなく、さまざまな方向に起こったことを示していたのである。このことは、常に一定の重力[16]がある地球上では、細胞が重力の方向を読み取って細胞分裂を続けており、無重力になると、そうした重力の方向を読み取っての細胞分裂ができなくなると考えられた。

ムラサキツユクサの雄蕊毛は、打上げ時の急加速や帰還時の急減速もまた、生物学的に有害な影響をもっていることを証明していた。染色体の異常な分配が認められたのである。とくに、放射線被曝を伴った場合[17]には、放射線との相乗効果が見られ、小核[18]の形成が高頻度で起こっていたのである。

このように、宇宙空間への飛行は、生物学的に重大な問題をもつことが証明された。[19]そして、そうした生物効果は、がんや遺伝的障害の発生につながりうるものであった。そのことは、アメリカが国威をかけて遂行しようとしていたアポロ計画はむろん、それまでの

参照。

16　グラビティー（G、gravity）。

17　生物衛星は、宇宙線を遮蔽する構造になっていたが、小型のガンマ線源が積み込まれており、実験材料の一部がガンマ線を浴びるように配置されていた。

18　細胞分裂時に複製された染色体が両極に均等に分配（第一章の一参照）されずに、一部が両極以外に移動したり、染色体が切断されて動原体のない（両極に移動できない）染色体部分が生じたりすると、小核（細胞核の断片）が形成される。

19　ムラサキツユクサ以外の実験材料では、それほど顕著な影響が検出されなかったが、それは、雄蕊毛のような検出可能な特性をもっていなかったからにほかならない。

宇宙飛行士たちの安全にもかかわる重大な問題であり、生物衛星実験の目的からすれば、このムラサキツユクサが発した警鐘が、最大限に尊重されるべきであった。しかしながら、この実験結果は、アポロ計画の成功後[20]まで、公表を抑えられた[21]のである。

この事実は、国策として進められる技術開発の分野では、その開発に不都合な事実または情報がしばしば隠されることを教えてくれたのである。

■エンデバーの実験

一九九二年九月十二日、スペースシャトルのエンデバーが、スペースシャトル初の日本人乗組員となった毛利衛氏らを乗せて打ち上げられた。この打上げは成功し、二十日の帰還までの八日間にわたって、ニワトリの受精卵、カエルの卵と精子、コイなどを用いて無重力の生物学的影響などを調べる実験や、無重力下での新素材実験などが行われた。このエンデバーの実験結果については、実験直後には、カエルの受精が無重力でもある程度起こったなど、部分的な成功の例だけが公表された[22]が、ムラサキツユクサと同様に、やはり明白な無重力の影響があったことがその後認められた[23]。

エンデバー以前の実験でも、ニワトリ胚の発生の異常がすでに認められていた。また、

20　一九六九年七月二十日、アポロ一一号が月面の「静かな海」への着陸に成功し、アームストロング飛行士が人類として始めて月面に足跡を残した。

21　ＮＡＳＡが「機密扱い」と指定し、公表ができなくなっていた。

22　一九九四年七月に向井千秋氏らを乗せて打ち上げられたコロンビアでのメダカやイモリの実験の場合もそうである。

23　ニワトリやカエルの発生が正常に進まなかった。また、京大の池永満生教授らが担当したショウジョウバエの実験では、宇宙線と無重力の相乗効果が見られたことも確かめられた。

24　このような現象が起こるのは、二足歩行をするヒト

その後に行われた宇宙空間での実験でも、同様な結果が繰り返し得られ、もはや無重力の重大な影響を否定できなくなったのである。

さらに、宇宙飛行士たちの体に例外なく起こった変化、つまり、足への血行が減って足が細くなるのと逆に、頭部への血行が増えて顔がむくれてくるという現象も、地球上の一定の重力に適応した人体の構造と、かつて遭遇したことがない無重力への無適応を明白に物語っている。過去の長期宇宙滞在の例では、とくに下肢の骨からのカルシウム溶出が顕著に見られ、地球に帰還後、長期間歩くこともできなかったのである。

こうしたスペースシャトルの打上げは、いつも世界中に大々的に報道され、一般市民の関心を宇宙の「夢」に向けさせてきたが、生物の進化と適応の過程との関係を忘れた宇宙開発の問題点は、ほとんど論じられることはなかった。

■動物を殺す高速交通

宇宙技術からいったん離れるが、生物と技術との関係でここで触れておきたい問題がある。それは、無重力とは無関係でも、急加速、急減速も含む速度に関係する問題である。

人間がつくり出した自動車、電車、飛行機などの高速交通手段は、進化の過程でそうし

の場合、重力に逆らって頭部に十分な血液を送るための頸動脈は太く、下部には血液が余分に流れないよう下部への動脈は細くなっていて、このような構造が無重力と合わないからである。なお、寝たきりになって足が衰えるのも、単に足を使わないためだけでなく、この構造とも関係している。

25 宇宙に打ち上げられたが機器の故障で帰還できなかったり、非常用救出手段にも不具合が生じたため、長期宇宙滞在を余儀なくされた例がいくつもあり、五〇〇日以上滞在して、歩行力を失ってしまった例もある。

26 毛利氏ら乗組員は、帰還後にテレビの画面にたびたび出たが、過去の実験で判明していた無重力の影響については、だれもまったく触れなかった。

た高速に遭遇したことがない動物を無数に殺している。

一般道路でイヌやネコがひき殺されているのをよく見かけるが、高速道路では、野生の哺乳動物[27]や鳥なども犠牲になっている。また、新幹線やジェット機は、多数の鳥を殺している。数のうえでとくに多く殺されているのは、昆虫である。

私がメキシコのチャピンゴ農科大学大学院の客員教授として赴任していた一九七二〜七三年、片道五〇キロメートル弱あるチャピンゴとメキシコ市の間を毎日、自動車で往復していたが、その国道沿いに、多いときには五〇を超えるイヌの死体を数えることさえあった。メキシコ市の郊外には、半ば野生化した野犬が多かったが、そうした野犬が犠牲になることが多かったのである。とくに、乾期になると、死体が腐敗しないため、その数が増えた。このことは、半ば野生化したイヌの感覚をもってしても、自動車のスピードに対応できないことを示していた。つまり、人間の技術がつくり出した自動車のスピードは、生物が生まれながらにもつ対応限度を超えていたのである[28]。

羽田のような湾に面した空港では、周辺に海鳥が多く、そうした鳥がジェット機の離着陸の際に、ジェットエンジンに吸い込まれ、エンジンのファンを傷めるということがよく問題になっており、よく「鳥害」と呼ばれている。そのためファンの頭を黒くして、大き

27 シカ、イノシシ、アライグマ、タヌキ、キタキツネなど。

28 一般道路よりも高速道路、在来線よりも新幹線、ふつうのジェット機よりも超音速機コンコルドのほうが、疲れをより強く感じることが多いが、これは、スピードが増すほど、内耳にある三つの半規管（三半規管）による平衡感覚や、視覚などの対応能力を超えるからである。

な鳥の眼のように見せ、それで鳥を脅かそうといった対策がとられたりしている。しかし、本当は「鳥害」ではなく、鳥が対応できないジェット機のスピードこそが問題なのである。海鳥が多い場所に空港を建設したことこそが問われるべきなのである。

■宇宙の環境破壊

宇宙技術の開発は、打上げ時の強力なロケットエンジンが噴出する排気による、対流圏や成層圏の大気汚染だけでなく、宇宙の環境汚染も招いている。

一九五七年十月のソ連による最初の人工衛星の打上げ成功以来、無数の人工天体が打ち上げられている。その中には、ソ連が六一年四月十二日に打上げに成功した初の有人人工衛星つまり人類初の宇宙飛行[29]、ソ連が六三年六月十六日に初めて女性宇宙飛行士[30]を乗り組ませた人工衛星、ソ連が六五年三月十八日に成功した初の宇宙遊泳[31]、アメリカが六九年七月二十日に成功した初の月面着陸（本節の注20参照）、七五年七月十八日に初めて成功したアメリカのアポロとソ連のソユーズ両宇宙船のドッキング[32]など、多数の歴史的事例が含まれている。

これまでに打ち上げられた無数の人工天体には、地球の外周軌道を回る人工衛星[33]のほか

29　ウォストーク（東方）一号に乗り込んだガガーリン飛行士が「地球は青かった」と述べた言葉が世界中に伝わった。

30　ワレンチナ・テレシコーワ。

31　レオーノフ飛行士がウォスホート二号から外に出て宇宙遊泳をした。

32　アメリカの三飛行士とソ連の二飛行士が、ドッキングした宇宙船内で握手を交わした。

33　気象・通信衛星は高度三万六〇〇〇キロメートル、地球観測衛星は高度数百ないし一〇〇〇キロメートルを外周する。

に、月の外周軌道を回る人工孫衛星や、地球や月の重力圏外を回る人工衛星（衛星探査機）もある。日本も、一九七〇年以降、気象、通信、放送用など多数[34]の人工衛星を打ち上げている。

問題なのは、こうした人工天体の打上げに伴って、宇宙空間に無数の浮遊物つまりごみが生じていることである。打上げ用のロケットや燃料タンク[35]はともかく、宇宙ステーションなどの交換部品、寿命がつきた人工衛星など、無数の物体が地球の周りを宇宙のごみとして回り続けている[36]のである。

また、人工衛星のエネルギー源として、プルトニウム電池や、プルトニウムを核燃料とする原子炉が搭載されていることが多いことも問題である。これら核物質を搭載した人工衛星がやがて失速して大気圏に突入すると、大気との摩擦によって燃え、成層圏のプルトニウム汚染[37]を招き、そうしたプルトニウムがやがて地上に降ってくることになるからである[38]。さらに、かつては、失速して大気圏に突入した人工衛星は必ず燃えつきるといわれていたが、燃えつきずに地上まで落下してきた例も、一九七八年と八三年に起こっており[39]、広範囲のプルトニウム汚染が起こっているのである。

34　計七〇基程度の打上げまでは数がどんどん増えたが、最近の大型ロケットによる打上げはたびたび失敗していて、外国のロケットによる打上げも増えている。

35　打上げ第一段用のものは、大気圏内で切り離され、海面などに落下する。

36　アルミ系金属の物体など、数百万個にも達するとされている。

37　酸化プルトニウムによる汚染。

38　プルトニウムの生物学的危険性については、第三巻第二章の四参照。

39　ともにソ連の大型人工衛星で、プルトニウム原子炉を搭載していた。同様な落下はその後も起こり、カナダなどで周辺のプルトニウム汚染を招いている。

■核兵器の運搬手段

本節の二番目の項で触れたように、宇宙技術の開発は、宇宙の科学的探索と謳いながら、実は、核兵器の運搬手段となるロケットとその電子誘導技術の開発を本当の狙いとしていた。

一九四五年に原爆を、五四年に水爆を産み出した原子力の軍事利用は、五〇年代半ばまでに、すでに全世界を全滅させうるだけの大型核兵器をつくり出していた。しかし、爆撃機で運んで投下する当時の大型核兵器では、迎撃されると自国や同盟国を含むどこで核爆発するかもしれず、目的地に投下できないおそれも多かった。そこで急がれたのが、核兵器の新しい運搬手段の開発であった。

ロケット技術と電子誘導技術を用いたミサイルが出現して、核兵器運搬手段が一変すると、核兵器の小型化が始まり、核兵器の主役が、核爆弾から、次第にミサイルに装着する核弾頭へと代わっていった。[40] そして、一九六〇年代半ばには、全世界の人類を「何度も」殺せるほどの核兵器が産み出されていた。

ミサイルは、次々と強力で精度の高いものに改良され、間違いなく標的都市を攻撃できる、さらに標的建造物を寸分違わず攻撃できるという長距離ミサイルが出現した。冷戦構

40　核兵器に用いる核物質も、ウラン二三五からプルトニウム二三九へと変わった。

造の中で、アメリカ、ソ連双方が開発を競って産み出した無数の長距離ミサイルと核弾頭は、いったん一方が攻撃を開始すれば、たちまち全面核戦争となり、地球全体が破滅するという恐怖をもたらしたのである。[★41] そして、「それゆえ核攻撃は不可能」という形の「核抑止論」が出てきたのはちょうどそのころであった。

しかし、軍事技術の開発は、止まることを知らなかった。やがて、長距離ミサイルを撃ち落とす迎撃ミサイルつまりアンチ・ミサイルが開発され、その出現がアンチ・ミサイルを撃ち落とすアンチ・アンチ・ミサイルを産み出した。その間に、核弾頭がますます小型化され、陸上基地や軍艦からだけでなく、戦闘機や、長期間深く潜ったまま移動する原子力潜水艦から、さまざまな核弾頭ミサイルを撃ち出せる体制が構築されていった。そして、偽の標的となる「おとり」ミサイルや、同時に多数の核弾頭が敵に向かう多弾頭ミサイルも現れて、再び「使えない核」の均衡がしばらく続いた。[★42]

あくなき軍事技術の開発は、それでも止まらなかった。「限定核戦争」を可能とする方向への核兵器開発が始まったのである。限られた破壊力しかないが、殺傷力が極めて大きい中性子爆弾が開発され、核弾頭のいっそうの小型化とともに、局地的な「限定核戦争」を「行いうる」ものとしたのである。

41 何らかの誤認あるいは機械的なトラブルによっても、全面核戦争になるという恐怖もあった。

42 このうち、意図しない偶発的なものであれ、いったん核攻撃が始まると、多数の核弾頭の応酬により、地球の各所で核爆発が起こって、その結果生じる大量の放射性塵埃など微粒子物質で地球全体の上空が覆われて、日射量が大きく減少する「核の冬」が到来するといわれた。

43 俗にスター・ウォーズと呼ばれた。

44 マイクロ・エレクトロニクス技術（次々項参照）。

45 一九九一年七月にアメリカとソ連の間でSTARTⅠ（第一次戦略核兵器削減条約）が締結されたあと、九二年六月にアメリカとロシア、カザフスタン、ウク

しかも、その後、ＳＤＩ構想[43]という、偵察衛星やレーザー光線を使う手段も開発対象となり、最新のＭＥ技術[44]を駆使した、宇宙をも基地とする軍事技術開発が進んだ。

ただし、ソ連の指導者としてゴルバチョフ氏が登場してから、東西ブロック間の冷戦構造が緩和され始め、アメリカとソ連の間で、一九八七年十二月八日には中距離核戦力（ＩＮＦ）全廃条約が締結されて、核兵器の削減が歴史上初めて実現し、九〇年六月一日には戦略核兵器削減交渉（ＳＴＡＲＴ）の合意が得られて、核兵器の大幅削減が方向づけられた。さらにその後、ソ連は解体したものの、アメリカとロシア共和国との交渉により、九二年六月には、核兵器の六〇％削減も合意するに至った[45]。

このように、核軍縮への方向が明らかになったが、それはヨーロッパを挟んでのものであって、アジア・太平洋地域では、いまなお無数の戦略核ミサイルが残されているのである[46]。

■軍事技術開発が飢餓を

本章でこれまでに論じた宇宙科学技術や次項で述べるＭＥ技術、さらに本章の第二、第三節でも触れる諸技術は、第二、第三巻で論じるさまざまな技術とともに、多くの場合、

ライナ、ベラルーシ各共和国の間でＳＴＡＲＴⅡ（第二次戦略核兵器削減条約）合意が調印された。しかし、ロシアなど旧ソ連側では、資金の不足から、核弾頭の廃棄処分が大幅に遅れている。

46　九八年五月十一日、インドが、七四年五月十八日の初回から二四年ぶりに地下核実験を行った。隣国パキスタンもこれに対抗して、五月二十八日に初の地下核実験を行い、三十日にも再び実施した。両国は、イスラエルとともに、核不拡散条約（ＮＰＴ）に加盟しておらず、包括的核実験禁止条約（ＣＴＢＴ）も批准していない。これらの核実験は、他の国にも核開発（第三巻第二章の四参照）の口実を与えるだけでなく、世界の核軍縮への流れに逆行するものである。

というよりほとんど例外なくといってよいほど、軍事利用を第一の目的として大幅な進展を見せてきた。

すなわち、船、自動車、飛行機にしろ、航海術、電波・通信技術、金属工学、気象学にせよ、すべて戦争のための技術として大幅な進展をとげたのである。爆発物の研究が化学の急速な進展をもたらし、石油の軍事利用が石油化学を、パラシュートの材質研究が合成繊維を産み出した。原子力技術が、ナチスを倒すための原爆をつくろうとしたアメリカのマンハッタン計画[★47]により産み出されたのと同じなのである。また、海外への出兵・侵略や植民地拡大が、病原微生物学の発展と分子生物学の基礎をもたらした。さらに、食品工学、薬学、毒物学、土木工学、地質学、海洋学、熱帯農学、外科医学、麻薬学、はては人類学まで、そのいずれもが戦争とは決して無縁ではなかった。

ノーベル物理学賞受賞者のアルフベン博士は、一九七四年、「人類がもし太陽光を過去に兵器と化していたならば、無尽蔵な太陽エネルギーは、すでにエネルギーの主役になっていたであろう」と述べているが、まさにそのとおりなのである。

逆にいえば、軍事技術は、常にその当時の最新の科学技術を駆使しながら進められた。そして、その軍事技術は、戦争の現場で無数の人びとを殺傷しただけでなく、原爆開発で

47　ナチス・ドイツから逃れたユダヤ系科学者たちを集めて、世界最初の国家プロジェクトとして進められ、一九四五年八月六日に広島に投下したウラン原爆と、九日に長崎に投下したプルトニウム原爆をつくり出した（第三巻第二章の六参照）が、本来の目的は、ナチスを倒すためのものであった。

も見られたように[48]、その開発段階でも多数の犠牲者を出してきた。

それればかりではない。軍事技術の開発は、さらに多数の間接的な犠牲者を産み出し続けてきた。その技術開発に巨額の資金が投入され、膨大な資源が浪費されてきたからである。第一に、軍事技術開発競争の一方で、アフリカ、アジアなどで、毎年、何万もの人たちが[49]餓死している。また、貧しさゆえに、数知れない新生児が「間引き」されている。軍事技術開発費のほんの一部が回されるだけで、これら多数の命を救えたのである。

また、軍事技術の開発が膨大な資源を費やしているため、有限な資源が食い潰されて供給不足を招き、資源を独占されたり、国際価格が高騰したりして、国家間の貧富の差だけでなく、発展途上国内での貧富の差も拡大している。

■ME技術とロボット化

宇宙開発、原子力、軍事技術に加えて、通信、交通などとも密接に関連している最新の電子工学技術も、人間との関係で、これまでにない重大な問題をはらんでいる。

とくに、半導体を利用した集積回路(IC)の大規模集積(LSI)化や、超LSI化など、マイクロ・エレクトロニクス(ME、微細電子回路技術)と呼ばれる先端技術がそ

48 第三巻第二章の六参照。

49 その大部分が子供たちである。

うである。ＭＥ技術は、急速に産業の中に組み込まれているが、その急速な導入は、コンピューターによる情報処理、人間管理や、制御、自動化、ロボット化などによる人間疎外など、さまざまな新しい問題をもたらしている。

技術というものは、元来、人間がその経験の積重ねと、経験に基づく洞察によって築き上げてきたもので、自らの生活を改善する道具として育ててきたものである。ところが、近年になるほど、軍事技術に端的に見られるように、次第に、技術が人を殺し、抑圧し、支配するという、主客転倒が起こったのである。

ＭＥ技術は、その延長線上に生まれてきたもので、もはや人間の道具としての技術というカテゴリーには収まりきらず、主客転倒して、人間を管理し、操作し、疎外する技術というその特性を明らかにし始めている。そうした特性は、すでに原子力技術★[50]、宇宙開発技術、生命操作技術★[51]などにも見られていたのであるが、ＭＥ技術には、人間と技術の関係を完全に逆転させうる内容が内包されている。

ＭＥ技術導入による制御、自動化、ロボット化は、人間の労働環境を大きく変えるとともに、人間を職場から追い出している★[52]。人間は、コンピューターの指示によって判断を与えられ、それに従って働いている。また、人間は、自動化され、ロボット化された生産ラ

50　本章の三および第三巻第二章参照。

51　本章の二、三および第二巻の第四章参照。

52　銀行のオン・ライン・システムもその一例である。多くの窓口には「隣の窓口をご利用ください」との札が置かれ、窓口にいる行員は少なく、その一方で、オン・ライン機の前には長蛇の列ができている。自動化されたシステムが行員数を大幅に減らしたのである。そして、カードを手にした顧客が、本来なら行員が行うべき業務を、行員に代わって機械の指示に従い黙々と行っており、行員の高給とは裏腹に、顧客が無給で機械に使われている。また、カードを盗んだりして他人の預金を引き出す犯罪も、機械化の弱点の悪用なのである。私は、そうし

インで、機械に合わせて働くことを強制されている。

■機械に従属する人間

人間がコンピューターの指示に従って判断し、行動するという実例を実に明白に示したのは、一九七九年のアメリカでのスリーマイル島原発事故[53]である。同事故が発生したとき、運転員にとっては、コンピューターが打ち出す情報だけが頼りであったが、コンピューターは毎秒何十もの炉内情報をキャッチできても、打出しに時間がかかり、最悪時には四六分も前の情報を打ち出していた。しかし、そうした情報をその時点の情報と信じた運転員の対応が、結果的にいくつもの「誤り」を犯したのである[54]。人間のコンピューターへの従属の典型であった[55]。

ロボット化された工場の生産ラインでも、人間が機械に従属させられている。人間がロボットの動きに合わせて働くことを強制されているそうした生産ラインでは、停電などでロボットが停止したり、また急に動き出したりしたときに、負傷、死亡など労災事故が頻発しているのである。そのうえ、人間がロボットにどんどん職を奪われている。

ＭＥ技術は、さらに子供の玩具や教育分野にまで進出し、人間は、人間に従属していた

た諸事態を早くから予測していたため、カード保持と使用を最初から拒み続けている。

53　第三巻第二章の一参照。

54　第三巻第二章の一参照。

55　近年、ハイテク化されたジェット旅客機の発着陸時の事故が多発しているが、これもコンピューターに隷属する人間の姿を表すものである。

はずの機械に幼児のときから育てられ、慣らされている。[★56] とくに、たった一人、せいぜい二人の子供を「有名校」に入れたいという「教育ママ」や「教育パパ」の自己満足のために、子供たちが、小学校のときから学習塾に通わされ、[★57] 中学や高校への進学から、受験する大学の選択まで、コンピューターの「お告げ」によって振り分けられ、将来の運命まで決められることが多いのである。[★58] そして、そのあげくに、コンピューター管理の社会で、一つの「部品」として働かされることになるのである。

このように、コンピューターやロボットの急速な導入が人間をますます疎外し、人間らしさは、ますます失われるのである。

■近代人工都市の危険

人口とともに、交通、通信、情報、流通などの諸機能が集中し、高層ビルが林立している近代人工都市もまた、さまざまな新たな危険をはらんでいる。

一九九五年一月十七日に起こった兵庫県南部大地震は、とりわけ神戸市に大きな被害を与えた。高速道路や鉄道などが高架橋の崩壊などで寸断され、電気、ガス、水道などライフラインも寸断されて、都市機能を瞬時に失い、いたるところで発生した火災を消火する

56 ファミコン、テレビゲームなどがその典型であり、子供から対話を奪い、孤独化を招き、社会性を失わせている。このことは、家庭教育の基盤をなくしているだけでなく、学校教育を著しく困難なものにしていて、これが未成年者の凶悪犯罪の急増に結びついている。

57 大都市では、大半の子供たちが学習塾に通う事態になっている。

58 とくに「業者テスト」と呼ばれた私企業による統一テストが、公立学校を会場に公立学校教員を使って全国的に行われ、その成績が生徒たちの偏差値を決め、生徒たちを選別し、どの中学（私立、国立付属）や高校に進学させるかまで決めていた。一九九二年、埼玉県教育委員会がこれを禁止したのを契機に問題となり、文部省通達により九三年か

こともできなかった。また、全半壊して住居を失った人びとを収容する施設も、まったく不十分であった。それは、同じ規模の大地震が起これば、どの大都市でも同様であったであろう[59]。六五年十一月にアメリカ、カナダの東部で起こった広域大停電事故（本章の三参照）でも、ニューヨーク市など大都市で、停電だけで多数の死者が出た。このように、近代人工都市におけるライフラインは、そこに住む巨大な人口の命運を握っているのである。

一九九五年三月二十日に東京で起こった地下鉄サリン事件[60]も、ごく少数者の意図が、近代人工都市に、避けることが不可能な危険を簡単にもち込めることを示した。九七年三月に大阪の堺市などで発生した病原性大腸菌O－157による被害も、人口が密集し、食品の流通経路が巨大化している近代人工都市ほど危険であることを示したものである[61]。

都市関連でもう一つ触れておきたいのは、アスベストに関する問題である。コンクリート建造物が多い近代都市では、冷暖房の効率を高める断熱材などとして広く使われてきたアスベストに、強い生物毒性が判明した[62]にもかかわらず、日本では、その使用制限・撤去が諸外国よりも大幅に遅れ、二〇〇五年になって、犠牲者の多さが改めて社会問題となっているのである。諸外国よりも、アスベストの使用制限とその撤去が大幅に遅れた日本政府の怠慢は、今後、永く語り継がれることになるであろう。

らようやく禁止されることになった。

59　近年に発生したメキシコ市、サンフランシスコ、ロスアンゼルスなどでの大地震も同様であった。

60　オウム真理教が起こした事件（本章の三参照）。

61　サルモネラ・エンテリティディス菌による食中毒も、食肉、鶏卵などの流通を介して急増しており、この菌の六〇～八〇％が抗生物質耐性をもっている。

62　アスベストは、天然の珪酸塩鉱物の蛇紋石類から得られる繊維状のもので、紀元前四〇〇〇年からすでに保温などに使われ、近年は、ビルや学校などで断熱材などに広く使われていた。しかし、胸膜肥厚症、中皮腫を起こすことが判明して、日本では、一九七五年に原則使用禁止となったが、九五年まで二〇年間も、五％

■非電離放射線にも危険が

近年になって急速に普及した携帯電話も、使用されている電波の危険性が新たな問題となっている。携帯電話の急速な普及は、とくに都市部で顕著で、赤電話、緑電話などと呼ばれた公衆電話が次々と姿を消しているのが現状である。

携帯電話による通話などに用いられているのは、電話間を無線で結ぶ電磁波である。この電磁波は、エックス線やガンマ線のような電離放射線に属する電磁波[63]よりも長波長で、非電離放射線と呼ばれ、電離放射線のような生物効果をもたないものとして扱われていた。原発などから大量電力消費地まで高電圧で長距離送電する高圧送電線やリニアモーターカーが出す強い電磁波をはじめ、モーター、電子レンジ、テレビ、パソコン、蛍光灯などから出る電磁波も、非電離であれ、人体内に電位差を産み出すことは知られていたが[64]、携帯電話に用いられている電磁波については、心臓ペースメーカーを乱して、それに頼っている人を危機に陥れる危険性から、電車内などで使用しないようアナウンスがあっても、健全な人には問題がないとされていた。

しかし、一九九八年六月、アメリカの国立環境衛生科学研究所[65]が、非電離放射線にも、発がんの危険性があると警告した。また、携帯電話に使われている電磁波が、子供の脳に

以下含有の使用は容認されていた。

63　第三巻第二章の二参照。

64　第三巻第二章二の注6参照。

65　National Institute of Environmental Health Science（NIEHS）

有害であるという調査結果も各国で相次ぎ、それを否定する報告もあって、論争が続いていた。そうした中で決定的ともいえる長期調査結果を、二〇〇四年十月十三日、スウェーデンのカロリンスク研究所が発表した。すなわち、一〇年以上携帯電話を使い続けると、聴神経腫[66]のリスクが二倍に、頭部の左右いずれかで使い続けると四倍になるというもので、それまでの短期的調査による論争に終止符を付けるものとなった。

アメリカやイギリスなどでも、同様な調査結果が出されており、脳神経腫以外の脳腫瘍のリスクや、精子の減少、吐き気、頭痛などの調査結果も報告されて、とくにヨーロッパでは、子供に携帯電話を使わせない方向に動いているのに、日本では、夜間に塾通いする子供たちに積極的に携帯電話をもたせる傾向が目立っている。

■生物学的危機に瀕する人類

核兵器の使用、核実験、原発事故だけでなく、ウラン開発、ウラン濃縮、核燃料輸送、原発の運転、核燃料再処理、放射性廃棄物の取扱いなど、ウランやプルトニウムの軍事およびエネルギー利用は、無数の放射線被曝者を産み出してきているし、これからも被曝者を産み出し続けるであろう。[67] とくに、核分裂によって生じる人工放射性核種の生体内濃縮

66 聴覚をつかさどる神経に発生する良性腫瘍で、その成長は通常ゆっくりとしたものであるが、細胞分裂が盛んな子供の場合は、悪性腫瘍になる可能性がある。

67 第三巻第二章の六参照。

による被曝が深刻なのである。[68] また、ますます増え続けているさまざまな形での放射性同位元素利用や放射線利用も、放射線被曝者を増やし続けている。こうした放射線被曝者の産出は、被曝者におけるがんなどの晩発性障害の発生を増大させるだけでなく、その子供たちに現れる遺伝的障害を増大させずにはおかないであろう。[69]

人類が環境中に氾濫させている人工化合物もまた、その多くが変異原性や発がん性をもつため、やはり私たちの遺伝子や染色体を傷つけている。[70] 農薬類、ＰＣＢ、ダイオキシン、食品添加物など、これら人工化合物の多くは、自然界で分解されることなく、直接、あるいは食物連鎖を経て、人体内に濃縮されているのである。

こうした人工放射性核種や人工化合物は、私たちの生命現象の設計図であるＤＮＡ[71]を傷つけ続けている。[72] つまり、そうした環境変異原の急増により、人類集団における突然変異の誘発率が確実に上昇しているのである。

その一方で、医療技術の進歩により、遺伝的欠陥を補ったり、病弱者の生命を救うことが可能となっている。[73] そのことは、人類集団の場合、選択（淘汰）圧が著しく弱まっていることを意味している。つまり、自然の生態系では、その生物種にとって不利な突然変異が生じた場合、突然変異個体が生存できないとか、生殖に参加できないといった選択が働

68　第三巻第二章の三参照。

69　第三巻第二章の二参照。

70　第三巻第一章の二参照。

71　第一章の三参照。

72　第三巻第一章の一参照。また、フロンによるオゾン層破壊は、紫外線量を増やしている（第二章の一および第二巻第一章の三参照）。

73　外科技術の進歩と新しいバイオテクノロジーにより可能となった。

き、集団中で不利な突然変異遺伝子の頻度が高まることはないが[74]、人類集団では、医療技術の進歩が、そうした選択圧を著しく低下させているのである。

遺伝的欠陥をもって生まれた人には、むろん何の罪もなく、人類社会全体が負うべき問題がたまたまその人に現れたものであるから、その人を当然救わなければならない。すなわち、医療技術によってそうした人たちを救うのが当然で、そのことによって人類集団に対する選択圧が弱まるのが避けられないのであるから、残る道は、突然変異の発生頻度を限られた範囲で抑えるしかないのである。

選択圧が低下してもやむをえない人類の場合、現在のように、突然変異の発生頻度が高まる一方のままでは、人類は、まさに生物学的危機に瀕しているといっても、決して過言ではない。しかも、さまざまな環境ホルモン[75]が追打ちをかけているのである。

74　第一章の一参照。

75　性を撹乱する物質の俗称であり、正確には内分泌撹乱化学物質という。ダイオキシン、PCB、トリブチルスズ、DDT、ビスフェノールA、フタル酸エステル、ノニルフェノール、スチレンなどがそうである（第三巻第一章の二参照）。

■ノロウイルス感染性胃腸炎の集団発生

二〇〇六年十一月末から十二月にかけて、日本全土で集団発生したノロウイルスによる感染性胃腸炎は、過去数年に見られていたこのウイルスの感染によるカキなどの貝類が原因の食中毒が減少していた中で、感染者が吐いたものや汚物が感染源となる、手や食べ物を介して急速に広がる感染力が極めて強い新しい型のノロウイルスによる大規模集団発生であった。たとえば、東京都豊島区のホテルメトロポリタンで、十二月二～九日に客や従業員計三四八名が集団感染するなど、同月中旬までのごく短期間に吐き気や下痢を訴えた患者数が、全国で六万五六三八名にも達したのであった。

この感染性胃腸炎による死者は、比較的少なかったものの、ノロウイルスのように突然変異を簡単に起こしやすい一倍性の微生物が[76]、現在の汚染度が高い環境中では、いかに早く新しい遺伝的特性を獲得するかを、如実に示したのである。このことは同時に、高等な生物とは桁違いの、ウイルスなどの増殖力の速やかさを明示した[77]のであり、深刻な環境問題の早急な改善がいかに重要であるかを改めて知らしめたのである。

■中越沖大地震の発生

二〇〇七年七月十六日に発生したマグニチュード六・八の中越沖大地震は、柏崎刈羽原子力発電所に、東京電力の発表でも、同年十一月末の時点で三〇〇〇件を超える損傷を与えており、その後も次々と損傷が発見されていて、いまだに全体が停止したままである。

このような極めて危険な原子力発電所を決して再運転すべきではなく、廃炉が最も安全

76　ウイルスやバクテリアのような、ほとんどが一本のDNAしかもたない一倍性の微生物では、起こった突然変異が劣性突然変異であっても、相同染色体を二本またはそれ以上もつ二倍性以上の生物とは異なり、相同染色体がもつ優性遺伝子にその働きを隠されることがなく、その働きが直ちに現れるのである。

77　ウイルスなどは、一つでも生き残れば、環境条件によっては、一日で億単位をはるかに超える数にも増殖可能なのである。

78　同原発の七基の原子炉の

な選択なのである。

東京電力は、修理を行っての活用を考えているようであるが、この場合の予測を大きく上回った損傷の全面的な広がりを考慮すれば、再運転することは極めて危険なのであり、同発電所の再運転を断念し、廃炉にするのが唯一の安全な選択なのである。★78

すべてが何らかの異状をこの地震により受けており、地形のひずみ、ひび割れ、断層、陥没、上昇などのほか、原子炉や配管の致命的損傷などを受けている。

二　生命を資源視する浪費社会

現代の人類社会は、地球上のあらゆる資源が人類の所有物であるかのように、それを利用する科学技術を「人類文明の進歩」の証しとしつつ、そうした科学技術を、利潤の追求を最優先する経済活動に駆使してきた。また、そうした経済活動の自由を守るとして、あくなき軍事技術の開発を進め、かつそれをしばしば用いてきた。その結果、鉱物、石油など、あらゆる資源が食い潰され、その枯渇を招きつつある。

そのうえ、経済活動による大量のエネルギー消費と、工業生産された自動車、家電製品などを一般市民が使用することによるエネルギー大量消費、さらに石油からつくり出されるさまざまな人工化合物の使用によって、地球規模の環境破壊と、細胞内での遺伝子破壊が進んでいる。環境もまた、食い潰されているのである。

そうした中で、新たな資源として照準を合わされているのが生物資源[1]である。しかも、照準を合わされた生物資源の中には、脳死状態の人体の臓器や、人工流産の際に得られる胎盤や胎児の組織まで含まれているのである。

■臓器移植と脳死

古くから「肝心」または「肝腎」という言葉があるように、心臓、腎臓、肝臓といった、人体にとって必須の臓器が機能を失うと、その個体には死が訪れる。

近年になって、免疫抑制剤[2]が次々と開発され、本来なら強い拒絶反応[3]が起こる他者からの臓器移植も可能となっており、心臓移植、腎臓移植、肝臓移植などが行われるようになっている。そして、こうした臓器移植の場合、新鮮な臓器を提供者から得られるかどうかが、成功、不成功の重要な鍵なのである。

アイ・バンクといわれた眼の角膜や水晶体の移植は、心臓が停止した死者提供のものでよかった。腎臓移植は、左右二つの腎臓の一方を提供しても生死に直接影響しないから、健康な近親者から提供を受けるのが可能で、かなり前から行われている。肝臓移植も、肝

1 生物資源としてよく語られるのはバイオマスで、たとえば、植物が生産する糖類を資源としてアルコールをつくり、これをエネルギー源とするといったものがある。ただし、これは、食糧生産と競合する点が問題となる。なお、ブラジルでは、バイオマスからのアルコールとガソリンを混合したガソホールを自動車の燃料として利用しているが、従来の大気汚染物質は低減されるものの、アルコールの燃焼により発生するアルデハイドを抑えることが重要になる。

2 第二巻第四章の四参照。

3 第一章の三参照。

臓は一つしかないが、その一部を切除しても再生能が強いため、やはり近縁者から提供を受けることができ、近年、親子間などで生体肝移植が行われている。[4] ただし、そうした腎臓移植や肝臓移植は、拒絶反応を抑えることが移植手術成功の鍵となる。[5]

骨髄移植も、健康な他者から、その骨髄の一部の提供を受けることができるが、拒絶反応の抑制が最も難しく、骨髄適合者を探すしかない。[6]

心臓移植は、死者から提供を受ける以外には道はなかった。しかし、心臓が停止した従来の死者の心臓では、新鮮さが急速に失われ、移植しても成功率が極めて低かった。そのため、心臓は停止していないが、脳の機能が停止した脳死者を「死者」とみなし、脳死者から心臓を摘出して、それを移植する方法が採用され始めた。[7]

脳死を「死」と認めれば、心臓移植だけでなく、肝臓や腎臓も、健康な人と同様な新鮮なものも脳死者から摘出でき、移植できる。臓器移植にかかわる医師たちの間で、脳死を「死」と認めるべきであるという声が急速に大きくなった。海外では、脳死を「死」とみなす国が増えてきているが、まだ未決着の国もある。日本では、脳死問題臨時調査会（脳死臨調）で審査されて、大筋で脳死を「死」と認める方向がうち出され、その必要論が高まる中で、[8] 臓器移植法が一九九七年六月十七日に成立し、同年十月十六日に施行されたの

4　一九八九年、島根医大で父親から子への生体肝臓移植が日本で初めて行われた。

5　とくに肝臓移植の場合がそうである。

6　第一章の三参照。

7　第二巻第四章の四参照。

8　日本の臓器移植希望者が、宗教や生命観などの違いからすでに脳死を「死」と認めていた国で移植手術を受ける例が増えていた。また、超党派の議員立法で脳死者を「死」と認めようとした動きや、当時の大内厚生大臣が「法整備前でも脳死者からの臓器移植を認めたい」との発言も出て問題になった。

である。[9]

しかし、問題なのは、脳死臨調や国会での議論の際に、臓器移植を待つ人たちの人命を救う必要性を理由に、脳死を「死」と認めるべきという主張が繰り返されたことである。そうした主張は、脳死が本当に生物学的に死であるのかどうか[10]という、討論すべき本来の問題点から離れて、「多数の患者が臓器移植を待っている」として、「必要性」という異質な問題をもち出し、「脳死に陥った人の回復率は極めて低い[11]」などといった確率の議論でもってそれを正当化しようとしていたが、それは、本末転倒の議論であった。そもそも、回復率が極めて低いとして脳死を「死」と認め、脳死者から臓器を摘出するのならば、「回復率が低ければ殺してもよい」とするのと同じなのである。この種の論機は、必要論から離れて行われるべきであった。

そうした必要性を理由とする考えは、需要と供給という近代合理主義に基づくものであり、人間の臓器を体の部品とみなし、かつ資源視するものなのである。[12]

■人工流産のあと

一九八二年、国立遺伝学研究所の変異遺伝部長であった賀田恒夫博士[13]が、胎盤には放射

9　しかし、同法施行後、初めて臓器移植が行われたのは、一年四か月以上後の九九年二月二十八日から三月一日にかけてであった。なお、同法施行前に行われ、殺人罪で告訴されていた脳死者からの臓器移植八件は、九八年三月、検察庁がすべて不起訴としていた。

10　家族や親族にとっては、呼吸維持装置に頼りながら、まだ心臓が鼓動し、体温を保っている脳死状態の人を、死者と感じるかどうか、また、倫理的に脳死状態の人を死者とみなしうるかどうかも重要な点である。

11　脳死状態で出産した例も少なくないことから、人工受精によって妊娠、出産できる可能性もある。

12　脳手術後に脳硬膜の移植が行われるが、ドイツのビー・ブラウン社製の乾燥ヒト脳硬膜の移植により、

線障害を抑える成分が含まれているという研究結果を発表した。同じ年、ミドリ十字などの製薬会社が、胎盤エキスからつくられた医薬品を買い集めていると報道され、世間の大きな注目を集めた。胎盤もまた、資源となったのである。

当時は、後産で出る不必要な成熟胎盤からエキスが抽出されていた。しかし、その後、人工流産で出る若い胎盤を培養し、それから有効成分を抽出する方法が研究され、人工流産の若い胎盤が、より経済価値の高い資源として注目されるようになった。

若い胎盤以上に、動物やヒトの胎盤培養の研究者たちが最も注目していたのは、肝臓組織であった。肝臓は、合成・分解などの代謝、貯蔵、さらに解毒作用も行う重要な臓器であり、再生能力も強い。そうした肝臓の組織を培養することにより、さまざまな医薬品をつくり出せると期待されたからである。一般に若い細胞や組織ほど培養が容易であり、人工流産によって得られる胎児の肝臓がとくに注目されていたのである。

肝臓以外にも、胎児のあらゆる他の器官や組織も、それぞれ独自の機能をもっており、そうした有用資源としての価値をもっていると謳われていた。[★14] やがて、人工流産が経済価値の高い資源を供給する産業になりうると考えられていたのである。

それが狂牛病と同じ病原体に感染していたため、クロイツフェルト・ヤコブ病という、脳が侵され痴呆症になる例が続出した。

13 日本でのみ使用が認められた人工食品添加物AF2（第三巻第一章の二参照）の強い変異原性を確認した遺伝学者の一人で、一九八六年十一月に死没された。

14 通常の出産による新生児の臍帯（へその緒）も有用資源とされている。

■DNAの物質視

このような臓器や胎盤、胎児などの資源視は、生命をも資源視するものであるが、それは、同時に、生命の物質視でもある。そうした生命の物質視をもたらした大きな要因として、分子遺伝学の進展と、それによる生命現象の解明がある。[★15]

すなわち、遺伝物質がDNAという生体高分子であり、DNAの塩基配列がたんぱく質のアミノ酸配列を指定する設計図となっていて、[★16]そうした設計図に基づいて合成されるたんぱく分子が、ありとあらゆる生命現象の担い手となっていること[★17]は、一九六〇年代中ごろには解明された。こうした生命現象の解明は、その後の生命科学の急速かつ大幅な進展をもたらした。そして、複雑に見える生命現象というものが、極めて精緻な機構により展開されている、実にみごとなものであることが理解されるに至った。

こうした解明を知った生物学者の多くは、そうした実に精緻な生命現象の基本的なしくみに、自然が長大な時間をかけて築き上げてきた、神秘的とさえいえるみごとさを改めて感じ、新鮮な驚きさえ覚えた。他の自然科学者や、関心をもっていた一般の人たちも同様であった。

しかし、そうした生命現象のみごとさに感嘆する感性をもっていた人たちだけではな

15　第一章の二および三参照。
16　第一章の二参照。
17　第一章の三参照。

かった。生命現象が分子レベルで解明されればされるほど、逆に、生命現象を化学反応の連続あるいは積重ねにすぎないと考える人たちが出てきたのである。

やがて、そうした人たちは、生物のさまざまな産物[18]を物質視していたのと同様に、生命現象の設計図ＤＮＡをも物質視する傾向が生まれたのであった。遺伝子組換え技術[19]にも、そうした考えが深く浸透している。とくに、試験管内でＤＮＡ分子増殖が可能となってから、ＤＮＡの物質視が顕著となった。生物細胞からＤＮＡ分子を取り出したり、取り出したＤＮＡ分子から逆転写酵素[20]によりｃＤＮＡ[21]分子を合成したりして、ＰＣＲ法[22]を用いてそれをどんどん増殖させることが容易にできるようになったからである。

このようなＤＮＡの物質視は、やがて、生命の物質視、生物の物質視につながった。臓器の資源視もそうした考えの延長なのである。

現代の都会の子供たちは、生物に接する機会が稀で、それゆえ、たとえば、ニワトリのヒヨコをお祭りのときなどに買ってもらった幼児が、機械的な玩具と区別ができず、ヒヨコをすぐ殺してしまったりする。[23]こうした子供たちが大人になったとき、生物の物質視、資源視は、もっと進むのであろうか。

18　でんぷんや砂糖など糖類、セルロース、綿糸、絹糸、羊毛など繊維、動物や植物の脂肪、ビタミン類、酵素やホルモンなどたんぱく質、色素類など。

19　第二巻第四章の一および二参照。

20　第二巻第四章一の末尾参照。

21　相補的ＤＮＡ（第二巻第四章一の末尾参照）。

22　第二巻第四章一の末尾参照。ＰＣＲ法は、警察などによる個人特定のＤＮＡ鑑定にも利用されている。

23　死んだヒヨコをもってきて「電池を換えて」とせがむ幼児もいる。

■遺伝子資源の枯渇

本巻の第二章で環境問題の概要を紹介したあと、本章の最初で述べたように、本書全体の結論的内容を敢えて本巻末尾の本章で論じている。

すでに紹介したように、また第二巻、第三巻でも詳しく論じるが、環境問題は、地球上のさまざまな野生生物を滅亡あるいは著しく減少させているのである。一九九二年三月、京都でのワシントン条約[24]第八回締結国会議でも、そうした憂慮すべき状態のますます深刻な進行が、厳しく論議されたのである。

このような野生生物の滅亡や減少は、自然の生態系の平衡を大きく狂わせ、陸上および海洋の生態系を地球上のいたるところで破壊している。そして、そうした野生動植物の滅亡や減少もまた、生物の資源視が主因の一つとなって起こっている。野生動物では、象牙を取り引きするためのアフリカゾウの大量殺戮、犀角[25]を得るために大量に殺されて急減しているクロサイなどサイの仲間、鼈甲[26]を採るため大量に殺され急減しているタイマイ、アオウミガメなどウミガメの仲間、ワニ皮を取るためにどんどん殺されたクロコダイルやアリゲータなどワニの仲間、襟巻用毛皮を生産するため大量に捕獲されたミンク、チンチラ、テン、キツネ、カワウソなど、敷物用の毛皮を取るため狩猟されて激減したヒョウ、トラ

24　正式には「絶滅する恐れのある野生動植物の国際取引を規制する条約」。

25　漢方薬の原料となっている。

26　べっこう、つまりカメの甲羅（亀甲）。

など猛獣類、剥製をつくるために狩猟されたワシやタカなど猛禽類とキジの仲間、鯨油用や食用のための捕鯨により絶滅の危機に瀕するシロナガスクジラやナガスクジラ[27]、日本人の食用や西欧人のスポーツとしての釣りにより急減したクロマグロ[28]など、資源として殺され、絶滅への方向を辿っている野生動物が実に多いのである。

資源として直接的に殺されたものだけではない。環境破壊によっても、無数の野生動物が減少し、滅亡の危機に瀕している。日本のトキ[29]、アメリカ・フロリダのパンサー[30]、インドとパキスタンのインドライオンなどは、生息環境の悪化で絶滅、またはその危機に瀕している実例である。環境悪化により個体数が急減している例としては、インドとバングラデシュのベンガルトラ、北極圏のホッキョクグマ、知床のオジロワシやシマフクロウを含む世界各地の猛禽類、日本のアカゲラ（キツツキの仲間）、さらにトンボやホタルの仲間など多数の昆虫類が挙げられる[31]。

植物も同じで、日本に自生していた約五三〇〇種の野生高等植物のうち、すでに三五種が絶滅し、八六〇種が絶滅の危機にさらされている。秋の七草の一つフジバカマも、関東平野の荒川河川敷に自生するサクラソウも、現在、個体数が急減しつつあり、このままでは絶滅するおそれがある。同じことは、世界各地で起こっているのである。

27　第一章の四参照。

28　第二巻第三章の二参照。

29　第一章の一および第二巻第二章の一末尾参照。

30　第二巻第二章の一末尾の注47参照。

31　沖縄の西表島にのみ棲息するイリオモテヤマネコ、沖縄本島北部の山原地域特有のヤンバルクイナ、ヤンバルテナガコガネは、いずれも地理的隔離（第一章の四参照）により生存することができた種であるが、これらも個体数が減少している。

さらに、戦争もまた、多数の生物種を滅ぼしている。ベトナム戦争におけるアメリカ軍による枯葉作戦は、ベトナム、ラオス、カンボジアでの広大な熱帯林を滅ぼし、海岸のマングローブ帯に壊滅的な被害を与えたが[32]、そうした熱帯林の破壊が地球の温暖化を進め[33]、天然の魚礁マングローブ帯の死滅が海洋生態系に大きな影響を与えているのである。

また、パレスチナをめぐる度重なるイスラエルとアラブ諸国との軍事衝突、イラン・イラク戦争、アフガニスタンへのソ連の侵攻、イラクのクウェート侵攻で始まった湾岸戦争、さらに大量殺戮兵器疑惑[34]理由のアメリカ、イギリスによるイラク戦争なども、重要ないくつもの野生植物種を絶滅の危機に追いやっている。これら戦争が絶えなかった地域は、コムギという重要な主穀作物とその近縁野生種[35]の発祥地であるが[36]、戦争の連続により、コムギの近縁野生種の群落自体や、その生息環境が破壊され、これら近縁野生種の激減を招いているのである。これら近縁野生種は、いずれもコムギと交配可能なものであり、コムギの育種に有用な遺伝子を多数もっていることから、そうした近縁野生種が激減したことは、今後のコムギの育種の可能性の大幅な削減をもたらしてしまったのである。

この例のように、原因が何であれ、栽培植物と近縁の野生種が絶滅すると、その栽培植物の育種の可能性が大きく狭められることになる。また、各栽培植物の発祥地に多い原始

32 第三巻第一章の三参照。

33 第二章の一および第二巻第一章の二参照。

34 イラクが核兵器、化学兵器など大量殺戮兵器を保持していると断定したアメリカとイギリスが同調してイラク戦争が開始され、フセイン政権は倒されたが、大量殺戮兵器は発見されなかった。

35 いずれもエギロープス（**Aegilops**）属の種で、コムギ（**Triticum**）属ではない。

36 第二巻第二章の一および三参照。

的な栽培植物や、各地域に適応した在来品種などが失われても（第一章の一参照）、やはり育種の可能性が大きく狭められる。そうした例は、トウモロコシの近縁野生種テオシンテ[★37]や、ジャガイモの近縁野生種[★38]などで、開発や近代品種の導入によっても見られている。

近年、このように、貴重な遺伝子資源[★39]が失われる例がますます増えており、人類は、自らの手によって、自らの首を絞めているのである。

■貧困の固定

すでに簡潔に述べた熱帯雨林の破壊[★40]、第二巻で論じる日本向けの水産資源の乱獲[★41]や、家畜による砂漠化[★42]などは、いずれも先進国と開発途上国の経済力の大きな差異のもとで起こっている。そして、そうしたこともまた、生物種の絶滅や減少に拍車をかけている。

また、地球サミットなどが開かれて、石油などの燃焼による二酸化炭素の排出を削減する提案などがなされると、途上国からは、今後の経済発展と開発を抑制するものとの非難が必ず出ている。さらに、先進国では使用が禁止されている農薬や人工化合物が、いまなお途上国で使われたりしている。

先進国の人びとは、途上国がなぜ自国の環境を破壊する森林伐採を続け、なぜ自国の海

37　トウモロコシと同じ属に分類されるウィード（第二巻第二章の二参照）。
38　第一章の四参照。
39　このような場合に用いる遺伝子資源というのは、DNAの物質視、臓器の資源視のような工学的発想ではなく、自然界で交雑が起こる範囲内での活用を想定したものなのである。
40　第二章の一および第二巻第一章の二参照。
41　第二巻第三章の二参照。
42　第二巻第三章の一参照。

域の水産資源を乱獲してそれを枯渇させ、なぜ砂漠化が急速に進んでいるのにまだ家畜を飼うのか、などと思うであろう。また、地球規模の環境破壊がこれほど深刻で、途上国を含む全地球の命運がかかっているのに、なぜ石油の燃焼量削減に反対し、なぜ危険性が判明した農薬などを使い続けるのかなどと、強い疑問を感じるであろう。

開発途上国が、こうした無謀と思われる開発や産業活動をしたり、石油の燃焼削減に反対したりするのは、先進国によるかつての長い植民地政策以来、独立後も経済的搾取が続けられ、貧富の差が縮まるよりもむしろ拡大された場合が多く、総体として富める国と貧しい国の関係が固定されてしまっているからである。少しでも先進国に追いつこうとするなら、自国で産する第一次産業の産物を輸出して外貨を稼ぐ以外に道はなく、貧しければ貧しいほど、そうした道をとらざるをえなくなる。

貧富の差を固定したのは、植民地時代に先進国がとった政策であった。先進国は、植民地で産する鉱物資源や石油をどんどん採掘するとともに、熱帯林などを伐採して、自国への輸入用に、自国では栽培できないサトウキビ、コーヒーマメ、チャ、タバコ、バナナ、パイナップル、パパイヤ、マンゴーなどを栽培するプランテーション★43を次々と開拓した。そのため、各植民地では、そうした特用作物★44や熱帯果樹が栽培面積の大半を占め、それぞ

43 安い労働力を大量に使う大規模農場。

44 サトウキビ、タバコ、コーヒーマメ、チャなど、主穀、野菜、果菜、果樹以外のものをいう。

れの地域でそれまで主食としていたイモ類の栽培が大幅に減少し、常食していた野生のイモ類や熱帯果樹を採る熱帯林も減少して、食糧を先進国に頼るようになった。★45 また、それが先進国の狙いでもあった。

こうした植民地政策が続いたのち、搾取に抗する独立運動が起こり、ようやく独立を獲得したが、地下資源はすでに大半が採掘されており、特用作物と熱帯果樹主体の農業形態がすでに定着していた。そのため、残る地下資源を採掘して、特用作物と熱帯果樹の収穫物とともに輸出し、主食を輸入に頼るという国家経済形態を選択するしかなかった。しかも、多くの場合、かつての盟主国やその事業家や企業が利権を握っており、国家間の経済力の大差もあって、輸出品は安く買われ、輸入品は高く買わされた。

こうした貧富の差を固定された途上国が、いま、先進国に少しでも追いつこうと、開発に力を入れるようになっている。マレーシアの「ルック・イースト」政策★46がその好例である。しかし、先進国との経済力や技術水準の差異が大きいため、追いつくのは容易ではない。したがって、石油の燃焼を削減して開発を抑えれば、追いつくのがますます遅れ、熱帯雨林の伐採をやめれば外貨が入るのが止まり、有害だからと強力な農薬の使用をやめれば、特用作物や熱帯果樹の生産・輸出が落ち、力を入れようとしていたコメなど主穀の生

45 植民地化した宗主国がパンや、乳製品、肉製品などを食べる習慣をもち込み、先住民の食生活が変えられ、伝統的な食文化が破壊されていた場合が多かった。

46 マハティール首相がスローガンとしていたもので、「日本に見習え」という意味であった。ただし、同首相も、その後この方針を修正し、ヨーロッパとも提携するようになった。

産も落ちるということから、いずれも拒否の選択しかない[47]のである。

もう一つの大きな問題は、途上国が、ほとんど例外なく、国際競争力をつけて先進国に追いつくためとして、資本の分散を避けていることである。そのため、途上国内での貧富の差が実に大きく、一部の資産家は極めて大きな富を蓄え[48]ながら、その一方で、国民の大半が極端な貧困にあえぎ、慢性的な飢餓に直面する実情を招いている。そして、そのことがまた、途上国で普遍的な貧困をますます固定化させているのである。

途上国での貧困と飢餓は、このように固定されている。いうまでもなく、先進国の責任が最も重いのである。しかし、先進国に追いつこうとする途上国の政策が、工業化国家を目指すなど、先進国を模倣するものであるかぎり、以上に述べたように、途上国内の矛盾を拡大するばかりであろう。それぞれの国が、文化の特徴を生かして、個性豊かな発展への道を採る以外に、貧困と飢餓からの脱出はないであろう。

■ODAの問題点

こうした中で、日本の役割は、極めて重要である。ただし、これまで行われてきた政府開発援助（ＯＤＡ）の大半は、逆効果をもたらしていた。

47　途上国では、「明日なくして、どうして将来があるのか」とよくいわれる。つまり、長期的な展望からこの可否を判断する余裕はなく、現時点が常に最重要なのである。

48　たとえば、インドネシアでは、スハルト大統領一族に富と利権が集中していたため、一九九七年から始まったアジア諸国の経済危機を救援するＯＥＣＤ（経済開発協力機構）から、その改善を強く迫られ、九八年五月、反スハルトの暴動も起こって、同大統領が辞任するに至った。

日本政府が途上国に対して行ってきていたODAは、途上国の政府が希望する事業への資金援助という形になっていた。そのため、途上国政府が先進国を見習おうとする政策をとっていた以上は、前述したように、途上国の矛盾を拡大するのに手を貸すことにしかならなかったのである。事実、ODAが、ダム建設や、木材搬出用の道路建設などに対する巨額の援助として行われていて、ダム建設によって水没する地域の住民多数を追い出して、いっそうの貧困を強制したり、熱帯雨林の皆伐をさらに進めて、森林環境を破壊し、熱帯森林資源を枯渇させたりして、その結果、水産資源をも枯渇させたりして[49]、広域の住民たちをいっそう貧困に追い込むという現実を招いていたのである[50]。

また、ODAは、その援助形態から、途上国の資産家だけにますます富を集中させ、途上国での貧富の差を拡大し、国内矛盾を増幅させた。ODAが途上国の一部の人たちだけを肥えさせているといわれたのは、そのためであった[51]。

さらに問題だったのは、ODAの事業に、ほとんどの場合、日本企業がからんでおり、ODAによる援助の大半が、日本企業に還流していたことである[52]。こうした事実は、ODAに名を借りた途上国からの搾取であり、開発援助ではないどころか、環境を破壊し、資源を奪取し、住民たちをいっそう貧困に追い込むという、何重もの犯罪であった。

49 第二巻第三章の二参照。
50 その後、日本政府も、インドの大型ダム建設援助など、ようやくODAの一部を見直すようになっている。
51 日本国憲法との関係で国論を二分した中で、PKO(国連平和維持機構)に参加し、カンボジアに派遣された自衛隊が補修工事した国道や、その工事に使われ、同国に寄贈された多数の工事用大型車両、さらに選挙監視に使われ寄贈された多数の車両なども、ODA同様、同国の一部の人の富の蓄積に使われないよう、日本政府は十分に配慮すべきであった。
52 とくに建設関連企業と商社に還流していたことが多い。

そして、こうしたＯＤＡが、直接または間接的に熱帯雨林を破壊し、温暖化を加速させ、[53]無数の生物種[54]の生存基盤を奪っているのである。

■食糧資源の浪費

あらゆる生物や生命を資源視する現代社会は、その一つの典型として、生物の生産物である食糧を浪費することにより、貧困にあえぐ人びとの命を奪い、さらに動物や植物の生命を無駄に費やしている。

世界の各地で無数の人びとが飢餓に直面しており、毎年、何万もの子供たちが餓死しているうえ、数知れない命が「間引かれて」いる（本章の一参照）。その一方で、日本を含む先進国では、高カロリーの摂取が糖尿病、肥満、コレステロール蓄積による心臓病などを招き、[55]膨大な量の残飯や、流通過程での廃棄農産物が生ごみとなり、深刻なごみ問題をもたらしている。

こうした先進国での飽食と浪費は、自らの病だけの問題ではない。経済力によって世界から輸入している大量の食糧や飼料が、飽食による病と、浪費によるごみ問題を産み出しているその裏で、世界各地の飢餓を強制しているのである。それは、すでに述べた途上国

53　第二章の一および第二巻第一章の二参照。
54　第二章の一および第二巻第一章の一参照。
55　第二巻第三章一の末尾参照。

での特用作物や熱帯果樹の栽培を強い、かつその生産物を買い占めることにより、それらの国での主食作物の生産を低下させているからである。

また、もっと間接的には、先進国が経済力によって、世界中で生産される穀物を、食糧としてだけでなく飼料としても輸入し、先進国の家畜や家禽に飽食させても[56]、貧困にあえぐ人びとには、十分な食糧が回らないという状況をもたらしている[57]。養殖漁業[58]もまた、水産資源について類似の状況をもたらしている。

そのうえ、先進国では、そうして貧困にあえぐ人びとを飢えさせつつ生産される畜産物や養殖魚を、健康を損なうほど飽食し、かつそのかなりの部分をごみとして捨ててしまっている。そして、無駄になる食品が、家畜、家禽、魚、その飼料など、資源とされた生物の生命を無駄にさせ続けているのである。

■人間性喪失を招く新技術

この節で論じてきた脳死の判定、臓器移植、人工流産された胎児の組織の資源視は、いずれも人間性を忘れた、あるいは人間性喪失につながることが避けられない、新しい技術の使用に酔いしれたものである。

56　第二巻第三章の一参照。

57　アメリカのモンサント社などが作出し、世界の食糧問題を解決できると謳いながら主として途上国に栽培させている組換え作物のトウモロコシ、ジャガイモ、ダイズ、ナタネなど（第二巻第四章の二参照）も、その生産物の相当量が、結局は先進国の市場に流されるであろう。しかも、途上国で種子生産させないよう、次代種子の発芽を封じるターミネーター（終結）遺伝子を組み込んだものである。

58　第二巻第三章の三参照。

大脳の発達を長い進化の過程で獲得してきた人類は、自然の法則性が発見されるたびに、それを理解しうる知能を発達させてきた。それは、古代ギリシャの賢人の教えや、かつての日本の寺子屋であれ、現在の学校であれ、人類は、教育というものを、言語と文字でなしえたからである。そして、そうした教育は、常に自然を理解し、それを敬うというものであった。宗教の多くも、一部に自然の摂理と合致しない教義があったとしても[59]、その大半は、敬う自然の中の人類を祝福し、励ますものであった。

ところが、脳死判定、臓器移植、人工流産した胎児の組織の資源視などは、第二巻第四章で述べる新技術とともに、ヒトの体の一部を、異個体の組織間などで起こる拒絶反応という生物特有の優れた機能を封じてまでも[60]、移植したり、利用したりしようというものである。そうした人体の一部の「部品」視は、拒絶反応が起こらない場合にすでに見られてはいたが、免疫抑制剤を使用してまで行う現在の誤った風潮は、間違いなく、人間性喪失を招くしかない、実に深刻なものなのである。

そして、人間性を喪失してしまうとなれば、人類の将来は、誇りある姿で今後も続くのであろうか。

59 たとえば、キリスト教の聖女マリアから誕生したとされたイエス・キリストなど。

60 免疫抑制剤（第二巻第四章の四参照）の使用による。

三　テクノクラート社会を問う

すでに述べたように、この第一巻でこれまで論じてきたさまざまな科学技術がもつ諸問題に、続いて出版される第二巻、第三巻で論じる内容も含めての、本書全体の結論的総括を、敢えてこの本章内で予め示すことにした。重要なのは、そうした諸問題が、いずれも生物の進化と適応の過程を忘れたものであったがゆえに発生していることである。

そうした諸問題を必然的にもたらした科学技術を、それぞれの時点での経済性や経済効率を最優先して取捨選択し、適用してきたことこそが、さまざまな環境問題をいっそう深刻なものとしてきたのである。一般市民もまた、利便性と快適さを尺度としてそうした科学技術の適用を受け入れてきた。

そのうえ、科学技術と社会との関係は、いま、新たな重大な問題にも直面している。それは、科学技術の急速な進展が、いくつもの先端科学技術を産み出してきているからである。つまり、そうした高度に進んだ科学に依拠する先端技術の場合には、特許の問題もからんで、ごく少数の人たちにしかその内容が十分にわからず、または十分には示されず、したがって、その技術の適用の可否がごく少数の専門家たちによってのみ判断されるという、いわゆるテクノクラート（高級技術官僚）社会となっているからである。

■原子力帝国

テクノクラート社会を最初にもたらしたのは、原子力であった。原子力は、もともと核兵器開発のための技術から生まれた[★1]ものであるだけに、最初から軍事機密ともからんでいた。そうした原子力が事故時にどんな被害をもたらすか、また、平常運転時の影響はどうなのか、そういった点については、日本では原子力委員会や原子力安全委員会[★2]が、アメリカではAEC（原子力委員会）やNRC（原子力規制委員会[★3]）が安全審査などに当たってきているが、常に原子力の推進が重視され、推進に不都合な事実や情報が隠される傾向が目立った[★4]。

また、原子力は、核兵器に転用可能なウラン二三五を核燃料とし、さらに核兵器への転用が容易なプルトニウム二三九を産み出す[★5]ものであるだけに、そうした核物質との関係からも、機密を必要とする特性を最初からもっていた。日本の原子力基本法に謳われた「自主、民主、公開」の三原則のうち、公開の原則は、初めから死んでいたのである。とくに、

1　第三巻第二章の六参照。
2　一九七八年六月、原子力の推進と規制の両機能を合わせもっていた原子力委から、規制の役割を引き継ぐ機関として新設されたが、原子力安全委を構成したのは、旧原子力委の関係者が主体で、発足当初からその有効性に疑問があった。その点は、七五年一月設置のアメリカ原子力規制委（第三巻第二章の六参照）とは大きく異なる。
3　AECを解体して設置された。
4　第三巻第二章の一、二、三、四および六参照。
5　第三巻第二章の四参照。
6　第三巻第二章の四参照。

核不拡散条約[6]との関係から、核物質に関する情報は、その公開を制約することが求められているのである。

たとえば、一九九二年十月から翌年一月にかけて、日本がフランスのラ・アーグ再処理工場から東海まで初めて海上輸送したプルトニウムについて、その輸送経路や日程が極秘にされたのも、その好例だったのである。[7]

こうした原子力がもつ本質的な特性は、機密を知りうる立場にある限られた技術官僚[8]と、そうした行政的権限をもつ技術官僚におもねる「御用学者」が、「専門家」として、すべての決定権を握るという事態を招くことになった。しかも、「御用学者」の多くは、たとえば日本の場合、「東大教授」や「東大名誉教授」などといった肩書きでもって、難解な原子力科学技術について一般市民を信じさせる役割を演じたのであるから、原子力に関するテクノクラート社会の構築は、容易に進んだ。とくに日本の場合、「原爆という原子力の軍事利用の被害を体験した『唯一の』国民であるからこそ[9]、原子力の平和利用の先頭に立たなければならない」といったキャンペーンが盛んに行われ、多くの日本人にとって、原子力の軍事利用と「平和利用」とは、反対の極にあるまったく異なるものであるという観念を早くから植えつけられていた[10]から、原子力に関するテクノクラート社会の構築は、

7　大型巡視船「しきしま」に護衛されたプルトニウム輸送船「あかつき丸」は、国際環境保護団体グリーンピースの船にアフリカ西海岸沖まで追跡されたが、航路を西に転じてパナマ運河を通過し、太平洋南部を迂回する極秘の航路で日本に向かう途中、グリーンピースに再び発見された。なお、世界中の多数の国が通過に反対したことも、同船の航路を複雑なものとした（第三巻第二章の四参照）。

8　多くの場合、科学技術庁長官や通産大臣すら知らされていなかったし、省庁の統合後も同様である。

9　この種の主張は、決して正しいものではない（第三巻第二章の六参照）。

10　このことは、日本特有の現象であり、その後遺症は、いまなお原水禁運動の一部にすら残っている。

他の国よりも容易であった。

著名なロベルト・ユンク氏は、このような状況を「原子力帝国」と呼んだ。[11]

■バイオ技術も

遺伝子組換え技術[12]や胚操作技術[13]も同様である。近年になって急速に進んだ分子遺伝学や最新の生命科学技術を基盤とするものであるだけに、詳細な内容は、限られた専門家にしかわからず、しかも、特許権がからむ場合も多いため、やはり少数の専門家だけによってその「安全性」が判断されている。そして、そうした技術の将来のバラ色の夢だけが声高に謳われ[14]、一般市民は、問題の有無さえほとんどわからないまま、これら最新の技術に大きな期待をかけるという結果を招いている。

遺伝子組換えの場合は、個々の研究者が所属する研究機関の長に届け出るだけでよいものから、研究機関の組換えＤＮＡ実験安全委員会の審査・承認を得て行いうるもの、さらに文部大臣や科学技術庁長官[15]の審査・承認を必要とするものまである[16]。研究機関ごとに設けられている組換えＤＮＡ実験安全委員会は、この分野の専門家だけでなく、その機関の医療担当者や、人文社会科学関係の委員、機関外からの委員で構成されているのがふつう

11　第三巻第二章の四参照。なお、二〇〇六年七月に弾道ミサイルを日本海北部に連続発射した朝鮮民主主義人民共和国（北朝鮮）は、同年十月九日、同国東北部ハムギョン北道南部の山地で地下核実験を行い、小規模ながら日本各地に四・九マグニチュードの震度をもたらした。その核実験は、民主主義とはほど遠い「原子力帝国」のもとで行われたものであった。

12　第二巻第四章の一および二参照。

13　第二巻第四章の四参照。

14　第二巻第四章の二参照。

15　文部省と科学技術庁が統合され、現在は文部科学大臣。

16　第二巻第四章の一参照。

であるが、審査すべき実験の内容が専門家である委員以外には十分にわからないことがしばしばあり、そのため、形式的な審査になっている場合が多い。

私も、埼玉大の組換えＤＮＡ実験安全委員長や安全主任者を長く続けていたが、人文社会科学分野の委員に個々の実験の内容を説明して十分に理解してもらうのは、決して容易なことではなかった。それでも、綜合大学の場合は、同じ研究機関に人文社会分野の教官がかなりいて、まだ監視の目が存在する。しかし、そうでない研究機関も少なくないと思われる。事実、筑波にＰ４施設[★17]が建設されたあと、地元の谷田部町[★18]から保健担当の職員が同施設の組換えＤＮＡ実験安全委員会に委員として加わったが、実験の内容がほとんどわからなかったという。農林水産省や厚生省[★19]などの研究機関[★20]の場合も同様であろう。さらに、民間会社の研究所などの場合は、企業の機密もからむため、社外の委員が加わっていないから、密室でのお手盛りの、形だけの審査となりやすいであろう。

体外受精[★21]や臓器移植（本章の二参照）の場合も、大学病院などに倫理委員会などが設けられ、専門家以外の委員も参加して事前に審議されるが、やはり専門家以外の委員が対等な立場で審議に加わるのは困難である。

このように、最新のバイオ先端技術もまた、現実にテクノクラート社会を形成している。

17 第二巻第四章の二参照。
18 現在は合併してつくば市。
19 労働省と統合され、現在は厚生労働省。
20 たとえば農業生物資源研究所や国立予防衛生（現在は感染症）研究所。
21 第二巻第四章の四参照。

■情報管理社会

テクノクラート社会は、特定の先端科学技術の適用について、その可否が少数の専門家によって判断され、適用の規模や様態も、少数の専門家によって決定される社会である。そうしたテクノクラート社会は、同時に、情報が徹底的に管理される社会でもある。つまり、適用しようとする科学技術に関するあらゆる情報が管理され、適用の正当化に好都合な情報だけが意図的に一般に提示され、不都合な事実や情報は、徹底的に隠匿されることになる。そうした傾向は、原子力、人工化合物、遺伝子組換え、宇宙開発などをめぐってすでに明らかに見られている。

このような情報管理社会をますます容易にしてきたのが、最新のME技術（本章の一参照）であった。ME技術によって急速に進歩したコンピューターがあらゆる情報を管理し、やはりMEに支えられて発達したさまざまな最新の情報ネットによって管理され、選別された情報だけが広くかつ速やかに伝達されるようになったのである。★22

テレビのCMのように、ある情報が繰返し流されると、それを信じ込むようになってしまうという現象がよく見られるが、そうした傾向は、とくに日本人の場合に強い。管理され、選別された情報のみが、人が信じやすいハイテクの情報ネットを通じて繰り返し流さ

22　近年、コンピューター保存の記録などをコピーして盗み出すコンピューターウイルスが次々と現れており、官庁や警察などで管理・保存の個人情報が広範に漏洩したり、企業の情報も漏洩したりしているが、こうしたコンピューターウイルスの続出が、皮肉にも、テクノクラート社会での情報の管理や操作も脅かすようになっている。

れたとき、一般市民の多くは、それを信じるようになってしまうであろう。[★23]とくに、ある先端技術の適用について、その推進に不都合な事実や情報が隠匿され、その一方で、選別され、操作された情報だけが繰り返し流されたら、その先端技術に精通していない一般市民は、流された情報を信じるようになるであろう。

管理された情報以外でも、検証が不十分な取材内容が大きく報道されて訴訟になるケースも、人権にかかわる問題としてむろん重大であるが、管理され操作された情報の報道は、そうしたケースよりも、一般市民を騙すさらに悪質なものなのである。

情報管理社会は、すでに構築されつつある。たとえば、NHKの通常番組で執拗に流されている衛星放送BS1やBS2の「CM」が、そのことを最も雄弁に物語っているのである。「高品質画像」などと謳いながら、特定の番組をそうした特定のチャンネルに集中させることによって、[★24]一般市民に衛星放送受信用のアンテナと、衛星放送受信可能なテレビを買わせ、さらに余分な受信料を負担させたうえ、選別された特定の情報や番組をそこで提供するのである。それは、民放各局が、CMのスポンサーに気を配って、そのスポンサーが提供する番組ではスポンサーに不都合な発言をさせない[★25]というような、部分的な情報制御と比較しても、はるかに強力な情報管理となるのである。

23　新聞・テレビなどマスメディアの記者にも、事実を検証しようとする態度が希薄な、社会的責任感を欠いた「サラリーマン記者」が増えてきており、管理・選別された情報を鵜呑みする場合が多い。その結果、新聞社やテレビ局の名でもって、一般市民に管理・選別された情報を信じさせることになっている。

24　たとえば、オリンピックの実況放送などをBS1かBS2でしか放映しない。

25　第三巻第一章の四参照。

かつて民放テレビの娯楽中心、またはその局の資本系列のプロ野球球団の実況放送中心の放送が「国民総白痴化」放送といわれたことがある。そのことは、現在でも、残念ながら、民放の放送プログラムの大半について当たっているであろう。しかし、いまや、「公共放送」といわれ、国民から聴視料を取っているＮＨＫが、情報管理の強力なシステムとして利用されようとしているのである。そうした情報管理社会は、ＭＥ技術の発展に伴い、今後、ますます進行するであろう。また、同じ技術の犯罪への悪用も急増しているのである[★26]。

■民主主義とは相容れない

前節で述べた情報管理の上に立つテクノクラート社会は、第三巻で論じるプルトニウム社会[★27]とともに、民主主義とは、とうてい相容れないものである。

そもそも民主主義という、私たちが長大な歴史的な経験を通じて獲得してきた政治・社会形態は、社会を構成する個々人が、だれもが対等な参政権をもって政治に参加することを基盤としており、その前提として、個々の社会構成員の全員が、参政権を行使するに当たって、それぞれ適切な判断ができるよう、十分な情報が付与されていることを想定して

26　注22で述べたコンピューターウイルスによる個人情報の盗難に加えて、銀行などのキャッシュカードと暗証番号の盗難や、急速に高性能化しているカラープリンターを使ったニセ札の顕著な増加などがある。

27　第三巻第二章の四参照。

28　これまでも特定の方向に世論を誘導するための情報だけが積極的に与えられることが多かった。また、国民の多くも、民主主義の前提である適切な判断という責務を果たさずに投票したり、まったく無関心で棄権したり、逆に適切な判断ができるのに無意味、茶番劇などとして、無責任に棄権したりしている。

29　選別された情報を信じて「誤ち」を強いられた人ほど投票に駆り立てられやすく、各種選挙の投票率が低下している現状では、そう

いるのである。しかしながら、とくに日本では、現在に至ってもそうした前提が成り立っているとは思えない[28]のに、テクノクラート社会がさらに強固なものとなれば、そうした民主主義の基盤が、ますます崩壊し続けることになるのである。

すなわち、管理され、選別された情報だけが繰り返し与えられ、正しい判断に不可欠な事実や情報が隠された状態では、対等な参政権をもっているはずの個々人が適切な判断をすることが不可能であり、民主主義の基盤が崩壊し、選別された情報を信じた人たちの、「誤ち」を強いられた判断が社会を動かすことになってしまうのである[29]。

テクノクラート社会は、こうした状況をいやがうえにも招くだけでなく、それをますます進めるのである。私たちが、民主主義を継続しようとする以上は、何よりもまず、テクノクラート社会の継続を拒否しなければならない[30]。

■可逆サイクルへ

これまでに述べてきたように、少数の専門家により適用の当否が判断される原子力[31]、バイオテクノロジー[32]などの先端技術は、次々と産み出されるさまざまな人工化合物[33]とともに、人間とあらゆる生物を傷つけ、あるいは傷つけようとしている。それは、これらの技術が、

した人の票が選挙結果を事実上決めることになっている。そして、そうして選出された国会議員、知事、市長らが、汚職、脱税などで相次いで摘発されている。

30　テクノクラート社会と同質のいびつな専制社会が、しばしば異常な宗教・信仰団体内にも形成されている。オウム真理教がその典型であり、理系の大学や大学院でかなり高度の技術を修得した者多数を入信させ、同教が外部から武力的に攻撃されるとの教祖のお告げのもとで彼らにサリンなど猛毒化学物質を大量に合成させ、一般人を巻き込んだ松本サリン事件（一九九四年六月二十七日）や、一般人多数を無差別攻撃した東京での地下鉄サリン事件（九五年三月二十日）を起こした。

31　詳細は第三巻第二章参照。

生物の進化と適応の過程を忘れたものであったからである。

生物の進化と適応の過程に合致しないものとは、すなわち、この地球上で繰り返されてきた、生物をめぐる事象と合致しないものを意味する。

生物をめぐる事象は、すべて可逆的なものである。生態系の中で起こっている物質循環は、複雑な様相を呈しながらも、平衡のとれた可逆サイクルである。さまざまな生産者、消費者、分解者[34]の消長は、相互の依存性によって、短期的には相互調和的平衡を保っていたし[35]、長大な時間を経る中で、特定の生物種が絶滅しても、生態系内や物質循環の面では、同じ位置を占める新たな生物種が必ず現れ、全体として平衡を保ち続けた[36]。そして、この平衡こそが、可変的ながらも永続的な可逆サイクルであった。

しかしながら、人類が近年の科学技術によって環境中にもち込んだものは、その大半が不可逆的なものであった。

原子力が産み出す人工放射性核種は、日常的に大量に産み出されているのに、それを人為的に減少させることはできず[37]、それぞれの物理的特性によって減衰するのを待つしかない。とくに、自然放射性核種が存在しなかった元素に生じた人工放射性核種が、それにかつて遭遇したことがなかった生物をあざむき、非放射性のその元素と同様に体内に取り込

32 詳細は第二巻第四章参照。

33 人工化合物は、すでに九万種類近くに達している（第三巻第一章の二参照）。

34 第一章一の図1・2参照。

35 第一章の一参照。

36 第一章の四参照。

37 加速器を使って中性子など粒子を原子核に加えてやり、放射性核種を非放射性にすることは理論的には可能であるが、原子力が産み出すエネルギーよりもはるかに膨大なエネルギーを要するから、実際には不可能である。

38 第三巻第二章の三参照。

39 第三巻第一章の一および

まれ、濃縮されて、生物に大きな体内被曝を与えているのである。[★38]

さまざまな人工化合物も、自然界にはこれらを分解する機構が存在しないことが多く、したがって、不可逆的なさまざまな物質を大量に環境中にもち込むことになっている。生物は、当然のこととして、これら未遭遇の物質を識別する能力を保持せず、それゆえ忌避して摂取しないという反応を示さないばかりか、体内に入ってしまうと、分解・無毒化したり、体外に排出したりする機能ももたない。そして、これら人工化合物が体内に蓄積・濃縮されて、さまざまな生物毒性を示すのである。[★39]

しかも、放射線によるＤＮＡ損傷の大部分、化学変異原によるものの多くが、ＤＮＡ塩基対をいくつもあるいは多数失わせるものであり、自然に発生している突然変異の大部分を占める複製ミスによる塩基対交代型とは大きく異なり、復帰突然変異[★40]がほとんど不可能なものである。[★41] つまり、ＤＮＡの中にまで、不可逆性をもち込んでしまうのである。

開発や経済活動という名のもとでの自然破壊も、回復不能で、したがって不可逆的な生態系破壊を、日本中のいたるところで、世界の各地で、また地球規模でも[★42]絶え間なく続けている。戦争もまた同じなのである。

地球上のあらゆる資源を食い潰しながら進められる科学技術の適用（本章の二参照）は、

二参照。

40　元どおりの塩基配列に戻り、正常なたんぱく質を合成することができるようになる突然変異。

41　第一章の二参照。

42　生態系全体に大きな影響を与えるフロンによるオゾン層破壊も、オゾンホールが年々拡大した（第二章の一および第二巻第一章の三参照）うえ、フロンがオゾン層を将棋倒しのように破壊し続ける（第二巻第一章三の図2・4参照）ことから、すでに不可逆に近いものとなっている。それでも、一九九五年の特定フロン全廃前に製造された冷蔵庫やクーラーで使われている特定フロンはもちろん、新しい製品の代替フロンも含めて確実に回収し、環境への放出をゼロにして、オゾン層破壊を遅くすることが重要である。

「生活の向上」を謳いつつも、実は、有限資源を食い潰すことによって、不可逆的な方向へと走り続けているのである。[43] 有限資源を食い潰す「生活の向上」とは何なのであろうか。明日の滅亡を覚悟しての最後の酒宴なのであろうか。

■環境経済人会議の誕生

こうした危機的な方向への環境破壊の停止が遅々として進まないという状況の中で、日本から新しい動きが誕生した。それは、経済人が起こしたものであった。

二〇〇二年七月、浦和市内[44]で開かれた埼玉県内の経済人の集まりでの、私の「地球規模の環境破壊と細胞内での遺伝子破壊」と題した一時間半ほどの講演は、日本初の環境経済人団体の結成を目指していた上尾市在住の横山直史氏[45]の依頼によるものであった。そして、その講演は、私が驚くほど早く、同年十一月二十八日には、埼玉県環境経済人委員会（代表横山氏）の結成につながったのである。

同委員会の結成は、経済界での初の環境問題への取組みとして、新聞、雑誌、テレビなどで報道され、翌二〇〇三年には、環境経済人会議（全国）結成へと急進展を見せることにつながったのである。横山氏が同会議の事務総長となり、私と環境問題研究者である天

43 地球上のあらゆる資源が有限であり、実質的に無限の唯一の資源は、太陽エネルギーしかない。そうした有限な資源からつくり出されるものをリサイクルしないかぎり、ますます不可逆的な方向に進むことになる。とくに重要なのは、石油を原料とするプラスチック類、ボーキサイトからのアルミ、森林資源からの紙類のリサイクルである。

44 現在は、さいたま市浦和区。

45 長年、富士の自然を守る会の運動にかかわった人で、南アフリカのヨハネスブルグでのNGO会議などにも参加し、経済界自体が環境問題に寄与すべきとの想いを強くした人である。

谷和夫氏[46]がいくつかの面で協力することになった。

同会議は、間もなく同年十一月に第一回アジア環境経済人会議を東京で開催することを決め、横山氏と私は、その準備に多忙な日々を過ごすことになった。中国、インド、韓国、東南アジア諸国への参加呼びかけなどの英文資料作成は私が担当し、中国語での諸文書作成は、広東から私の研究室[47]に留学して博士号を取得した肖玲芝（シャオ・リンツィ）女史に依頼した。

そして、同年十一月二十七日、第一回アジア環境経済人会議は、海外からの参加者が予期したよりも少なかったものの予定通り東京で開催され、私が議長に選出されて熱心な討論が進められたすえ、東京宣言[48]を採択することができた。

ただし、東京宣言に二〇〇四年開催予定と明記された北京での第二回アジア環境経済人会議は、中国内での準備作業が進まず、まだ実現していない。環境経済人会議（全国）は、できるだけ速やかに第二回会議を実現しうるよう、なお折衝を続けている。[49]

■向かうべき方向

すでに述べてきたように、現代の科学技術は、あまりにも多くの不可逆的なものを環境

46　洗剤・環境科学研究会会長。

47　埼玉大大学院理工学研究科遺伝学研究室。

48　本節末尾の資料参照。私は、午前中の全体会議で、その起草委員長にも選出されていた。

49　二〇〇六年十月十六日、沖縄で第一回環境経済人会議沖縄大会が「持続可能な環境経営」をメインテーマに開かれ、第二回アジア環境経済人会議を〇八年中に実現するよう努めることも合意された。

にもち込んでしまっている。しかも、あらゆる資源を浪費しながらそれが進行している。そうした科学技術の重大な問題点を私たちが指摘すると、必ず返ってくるのは、「原始時代のような生活に戻れというのか」といった反論である。

本当に「原始時代のような生活」に戻らなければならないのであろうか。可逆サイクルへ、という意味では、原始時代がそうであったから、答えは「イエス」である。しかし、その他の意味では、答えは明らかに「ノー」である。

科学技術の発達は、機械、プラント、輸送手段などの巨大さをもたらし、また、集中化を可能にした。経済合理主義は、こうした巨大化と集中化を、生産効率が高く、しかも省力化が可能なものとして歓迎した。そして、その後のＭＥ技術の発達は、巨大化と集中化をますます保証し、とくに省力化を一段と加速させるものとなった。

プラントの巨大化、集中化は、工業排出物の大量化、集中化を必然とした。大型コンビナートによる深刻な大気汚染、海の汚染がその好例である。原発もまたその典型である。巨大な危険性を内蔵する原発[50]は、電力消費地から遠く離れた場所に建設せざるをえない。そのため、送電中のロスが大きくなるから、より巨大化しなければならず、より大量の放射性核種を産み出し、放出し、危険性もまた、より巨大化する。そして、長大な距離を結

50　第三巻第二章の一参照。

ぶ高圧送電線[51]とそれを支える鉄塔に、より大量の資源が費やされている。

このように、巨大化、集中化は、省力化と引換えに、産出する有害物のより大量化と集中化をもたらし、かつ資源を浪費する。そして、省力化が人間から職場を奪い、人間を疎外する。それゆえ、「巨大化から適正規模化へ」、「集中化から分散化へ」の転換こそが、私たちが選択すべき方向なのである。

農畜産業とその生産物の市場における経済合理主義は、作物や家畜・家禽の品種の画一化[52]と、栽培法や飼育法の画一化[53]をもたらした。特定の品種の特定の生産法によらないかぎり、値のよい商品にならないという状況がもたらしたのである。こうした画一化は、化学肥料と農薬の使用量を急速に増大させて土地を殺し[54]、農畜産物を農薬汚染させた[55]。養殖漁業も同様で、海を汚染し、資源[56]を浪費し、魚に有害物を加えた[57]。

また、品種の画一化は、生物にとって必須の遺伝的変異を奪い、共倒れ不作をしばしば招いているだけでなく、今後の育種の可能性を著しく狭めている[58]。

文化や生活の画一化も、日本で、また世界的規模でも進行している。交通・輸送手段の巨大化、情報通信網や流通機構の広域化がそれを進行させているのである。日本中のどの都市にも同じようなビルが建ち並び、同一のものが流行し、方言がなくなり、食品や商品

51　高圧送電線からは、強い誘導電磁波が出ている（第三巻第二章の二参照）。
52　第二巻第二章の一および第三章の一参照。
53　第二巻第二章の一および第三章の一参照。
54　第二巻第二章の二および三参照。
55　第二巻第二章の二および第三章の一参照。
56　餌になる魚類。たとえば養殖ハマチの場合、食用になる重さの約一〇倍の餌が与えられている（第二巻第三章の三参照）。
57　第二巻第三章の三参照。
58　第二巻第二章の一参照。

も全国どこでも同じものが入手できる。さらに、世界中のどこでも同じ食品、酒類、商品が買え、どの国も同じ方向への開発を目指している。

　こうした輸送・流通には膨大な石油が浪費されており、農産物の広域輸出入が燻蒸剤、防腐剤、防カビ剤、殺虫剤などの大量使用をもたらしている。★[59] さらに、流行が資源の浪費を産み、開発が生態系を破壊し、模倣が各地方や各国ごとの特色を殺している。それゆえ、「画一化から多様化へ」の転換もまた、私たちが選択すべき方向なのである。

　この地球上にかつて存在したことがなく、生態系に不可逆的な影響を与えている人工放射性核種や、さまざまな人工化合物の多くは、産業の巨大化、集中化がより大量に産み出したり、あるいは画一化が必要としたものである。また、加工食品が必要としたさまざまな食品添加物★[60]、患者を市場として確保しつつ量産される医薬品★[61]、さらに、便利で快適な生活をと大量消費されているさまざまな人工化合物★[62]と、そうした大量消費の結果として非意図的に生じているダイオキシン★[63]やトリハロメタン★[64]など、不可逆的影響を与える危険な人工化合物が、環境ホルモンとして働くものも含めて、まさに氾濫しているのである。★[65] それゆえ、「人工物から天然物へ」の転換も、私たちが緊急に選択すべき方向なのである。★[66]

　原子力の導入は、有用なエネルギーを電気という形でしか産み出さない★[67]ため、私たちの

59 第二巻第二章の二および四参照。
60 第二巻第二章の四参照。
61 第二巻第四章の二参照。
62 第三巻第一章の二および四参照。
63 第三巻第一章の三参照。
64 第二章の二および第三巻第一章の四参照。
65 第三巻第一章の二参照。
66 ただし、天然物が安全とは限らない。天然物も、自然界にふつうに見られる濃度以上になったり、自然界で接触する機会が通常はないものであったりすると、有害である場合が多い。そうした意味で、漢方薬が自然のものであるからイコール安全であるというのは誤りである。
67 核分裂で生じるエネルギーの七〇％は、熱として逃げ、原発も、やはり地球の温暖化に加担している。
68 第三巻第二章の一参照。

生活の電気依存性をますます高めている。そもそも、原発は、設計出力に近い一定の出力で安全運転するのが最も危険性が少なく[68]、出力を増減させると、危険性も放出放射能量も増大する。したがって、発電容量が大きい原発をどんどん建設すると、電気需要が少ない夜間などには電気が余ることになり、そのため、揚水発電所をどんどん建設して、余剰電力を捨てる[69]ほどになっているのである。一九八六年、四国電力が伊方原発で「調整運転[70]」実験をもくろんだとき、全国的な反対運動に見舞われたのは、それによって危険性が大幅に増大するからであった。そもそも、各電力会社の地域独占を認めている電気事業法を改正しないかぎり、原発依存性が続き、こうした危険性も続くのである。

私たちの社会の電気依存性が高まることは、大きな危険性をもっている。一九六五年十一月、異常寒波に見舞われていたアメリカとカナダの東部広域で大停電事故が起こり、私もその渦中に巻き込まれたが[71]、地域によっては二日間も停電が続き、極めて高かった電気依存性に加えて、夜間の気温が零下十数度まで低下したため、多数の凍死者が出た。とくにガソリンスタンドでの給油が不能となり、高速道路から給油[72]のためパーキング・エリアに入ろうと、長蛇の列をつくっていた間にガソリンが切れた自動車内での凍死者と、ニューヨーク市など大都市の広域給湯に依存した暖房システムのアパートでの室内凍死者が多発

69　夜間の余剰電力で水を高所に上げ、昼間にその水を落下させて水力発電する揚水発電は、揚水に一〇〇の電力を消費すると、その三〇の電力しか発電できないから、七〇の電力を捨てているのである。火力発電なら燃料の量で調節できるが、続いて述べるように、それが危険を伴う原発ではできず、したがって、揚水発電所ではなく、正直に「揚水消電所」と呼ぶべきなのである。

70　昼間にフル運転し、夜間は出力を落とすという運転。

71　私は、当時、ニューヨーク州ロングアイランドにあるブルックヘブン国立研究所の研究員であった。

72　当時は電気モーターによる給油だけであった。その後、手回しハンドルでの非常給油システム設置が義務づけられた。

したのである。

電気という単一エネルギーへの依存性が高まることは、このように、利便性と引換えに、大きな危険も伴うのである。それゆえ、電気以外のエネルギー使用がより適切あるいは可能な場合には、「電気から適切なエネルギーへ」の転換も、私たちが選択すべき方向なのである。

電力の潤沢な供給は、電力を大量消費して生産されるものを急速に普及させた。アルミがその典型で、電力を大量消費して生産されるため、「電気の缶詰」と呼ばれている。アルミの量産は、アルミサッシ、ビールや清涼飲料のアルミ缶など、アルミである必要がないものまで次々とアルミに変えていった。電力の潤沢な供給がアルミの量産を可能とし、アルミの量産がその使用を拡大して、まさに供給が需要を呼んだのであった。しかも、そうした「電気の缶詰」アルミ缶のリサイクルが十分ではない[★73]。プラスチック類[★74]や化学肥料なども、やはり電力を大量消費して生産されている。それゆえ、「電気の固まりからそうでないものへ」の転換も、私たちが選択すべき方向なのである。

原子力利用が必然的に招くプルトニウム社会[★75]は、この節の最初でも述べたように、著しい管理強化社会をもたらさずにはおかない。そして、近年のME技術の急速な発達（本章の

73　ボーキサイトと呼ばれる鉱石からアルミを生産するのと比較すると、アルミを再利用すれば、そのわずか四％の電力消費で済む。したがって、そのリサイクルが重要であり、多くの自治体が回収を行うようになっているが、回収、選別などに人件費がかかり、紙類と同じく、リサイクルがまだ不十分である。また、アルミ生産工場の大部分が電力の安い海外にすでに転出しており、そのこともリサイクルの妨げとなっている。

74　たとえばペットボトル。石油からつくられるポリエチレンテレフタレート（PET）樹脂の容器で、一九九〇年代初期に、八〇年代初期の一〇倍以上に急速に消費が伸びたが、ほとんど再利用されず、焼却または埋め立てられていた。最近

一参照）が、人間を疎外し、人間と社会の管理を飛躍的に強めているのである。それゆえ、「管理社会から人間解放へ」の転換もまた、私たちが選択すべき方向なのである。

■価値観の転換を

以上に述べた「巨大化から適正規模へ」、「集中化から分散化へ」、「画一化から多様化へ」、「人工物から天然物へ」、「電気から適切なエネルギーへ」、「電気の固まりからそうでないものへ」、「管理強化から人間解放へ」の転換は、いずれも、私たちの価値感の転換なしにはとうてい達成できないであろう。

私たちの社会は、これまでずっと、科学技術の進展をすなわち「進歩」としてとらえ、その利用を「成果」とみなし、開発を「発展」と信じてきた。したがって、科学技術による高速化、電化、量産化、潤沢化、省力化、快適化、情報化など、さまざまな利便を科学技術の「恩恵」と呼んできた。そして、科学者が尊敬されたのも、それゆえであった。

しかし、根本的な錯誤があった。それを端的に示すのは、科学技術を駆使しての開発を、「自然への挑戦」と呼び、「自然改造」と豪語した事実である。「自然への挑戦」つまり自然を敵に回すことを「発展」と信じ、「自然改造」つまり人間が無謀にも可逆的な自然を

ようやくリサイクルが始まっている。

75 第三巻第二章の四参照。

不可逆的に変えてしまうことを「勝利」と信じてきたのである。それは、ショスタコービッチのオラトリオ「森の歌」[★76]にも、故田中角栄元首相の「列島改造論」にも、端的に見られるのである。[★77]

また、科学技術の「進歩」とその「成果」によるさまざまな「恩恵」も、それが自然と敵対するものであるかぎり、科学技術が自然を不可逆的に変えてしまうという、返済不能な「ツケ」であった。本書の三巻で論じる、ますます深刻に進行する地球規模の環境破壊や、細胞内での遺伝子破壊、さらに性の撹乱が、そのことをよく物語っているのである。

人類がこの地球上の可逆的な環境の中で、可逆的な生態系の一員として誕生し、進化を遂げ、それゆえこうした環境や生態系つまり自然に依存して現存する以上、あくまでも自然あっての人類であり、決してその逆ではありえない。「人類のため」と称して自然を「征服」し、利潤追求によって自然を殺すことは、それゆえ、短期的にいかに人類にとってプラスに見えようとも、長期的には着実に自らの首を締め、人類の将来の道を自ら閉ざしているのである。

私たちが科学技術の「恩恵」と呼んできたさまざまな利便は、本当に、私たちにとってプラスになってきたのであろうか。

76　私が京大の学部学生であったころ、京大男声合唱団のバリトンのサブリーダーとして、公演発表会で合唱する「森の歌」にも夢中になっていたが、こうした疑問をまったく感じていなかった。

77　さまざまな大型開発事業がもたらした深刻な環境問題については、本章の二、第二巻第一章の二参照。近年になってようやく、「自然への挑戦」や「自然改造」といった言葉が聞かれなくなり、代わって「環境にやさしい」、「自然との調和」などと謳われるようになっているが、まだ問題の本質を理解していないものが多い。たとえば、河口堰建設の中止が求められている長良川も、「自然にやさしい川づくり」が謳われていた。

78　かつてのように「需要が供給を呼ぶ」のではなく、

たとえば、航空機、新幹線、自動車などの高速化は、資源の大量消費、環境の悪化、それに事故による人命喪失の危険性増大と引換えに可能となった。そうした高速化は、確かに行動可能範囲を格段に広げたものの、その一方で新たな需要を呼ぶ[★78]ことになり、マイナス面も拡大した[★79]。そして、それによる通勤・通学圏、日帰り圏、レジャー圏の拡大は、結局、多くの人たちの疲労を蓄積させている。

電化の拡大つまり電気への依存度の増大も、前述のアメリカの大停電事故のように、極めて多数の生命を同時に脅かす本性を秘めている。また、そうした広域停電事故でなくても、高層ビルや高層住宅では、局地的な停電事故がしばしば人間をエレベーターの密室に閉じ込めたり、火災の際の脱出を困難にしており、新幹線も、地震などによる停電で、窓が開かず、換気も不能な密室に、満員の乗客を閉じ込めることになる。

量産化、潤沢化も、高速化と同様に、「供給が需要を呼ぶ」新しい事態を呼ぶことになり、それまでの「需要が供給を呼ぶ」とした経済鉄則が崩れて、浪費をもたらした。いつでも入手できる状態がものを大切にしない風潮を呼び、モデルチェンジ[★80]がまだ使えるものを捨てさせたのである。電化・機械化による省力化は、時間の余裕を与えたが、その時間が、追加の仕事や、レジャーやスポーツに費やされても、結局、人間をより疲労させている。

「供給が需要を呼ぶ」という現在の大量消費経済システムの典型である。

79　新幹線ではないが、ＪＲ西日本の福知山線で二〇〇五年四月二十五日朝発生した脱線・転覆・先頭車両マンション駐車場突入事故は、一〇七名の死者と五〇〇名を超える負傷者を出したが、大規模住宅圏の急速な開発に伴う他線との乗客獲得競争が招いた、ＪＲ東西線との接続を含む無理なダイヤ編成と高速化が、その主因であった。

80　たとえば乗用車の場合、ヨーロッパ諸国では相当年数モデルチェンジせず、アメリカでも五年程度ごとがふつうであったが、日本のメーカーは三年ごとに新しいモデルを出し、購買欲を煽った。また、そうした頻繁なモデルチェンジが海外での日本車の急速な普及を

費やされない場合は、怠慢、無気力、不健康、非行などを産んでいる。

快適化の一つとしての空調も、屋外環境との大差、つまり冷房された室内と夏の屋外、あるいは暖房された室内と冬の屋外の温度の大差が健康を蝕み、人間の体質を脆弱化させた。[★81]そして、空調のためのエネルギー浪費が、放熱[★82]と発電によって地球の温暖化と酸性雨を招き、大気を汚染させている。

また、テレビの普及は、対話を奪い、とくに子供たちの社会化を阻んでいる。パソコンの玩具化は、さらにそれに追撃ちをかけ、子供たちをいっそう孤独化させている。そこには、対話を通じての思考、判断はなくなり、社会から隔離された孤独の世界の中での直線的、短絡的な思考や判断が、何の疑念もなく形成されることになる。[★83]

携帯電話（本章の一参照）も、中学・高校生や子供たちに急速に普及するに[★84]つれ、さまざまな問題が頻発している。携帯電話は、通常の電話以上に、他人には秘密で会話ができ、しかも相手が応答しなくても短いメールを送ることもできる。したがって、クラスメイトなどとの対話も含む接触を通じて、最も盛んに成長を遂げる時期に、携帯電話による限定された友だちとの対話だけになると、健全な成長が困難となる。こうした携帯電話を常用する子供や若者たちが騙されたり、犯罪に巻き込まれたり、送ったメールで争いになった

もたらし、経済摩擦の最大要因となった。現在ようやくモデルチェンジの間隔を延ばす動きが出始めている。

81　こうした冷暖房は、関節や筋肉の傷み、体温調節異常、年中ひく風邪、消化不良、生理不順など、さまざまな現代病をもたらしているほか、暑さや寒さに対する抵抗力も極端に弱めている。

82　たとえばクーラーは、室内の温度を一度下げると、室外の等量の空気の温度を三度高めている（第二巻第一章の一参照）。

83　近年になって頻発している未成年者による凶悪犯罪は、その典型的な結果として起こっている。

84　ヨーロッパでは、子供に形態電話を使わせない国が増えている（本章の一参照）。

りするのは、健全な成長と、それによる判断力の形成が不十分だからなのである。★85

二四時間営業のコンビニエンス・ストアは、確かに利便さをもたらしたが、添加物の多い手軽な食品★86の摂取の機会を増やした。自動販売機の普及も、電気の浪費と不健全な飲料の摂取を増やした。また、情報化の波に乗った学習塾の急増が子供たちの個性を殺し、クレジットカードの普及が若者を借金地獄に追いやっている。

このような状態は、本当に、科学技術の「恩恵」なのであろうか。私たちがこれまで「恩恵」として、「価値あるもの」として受け入れてきたさまざまな利便の価値が、根本から問い直されなければならないのである。私たちは、可能なかぎり速やかに、科学技術信奉あるいは技術万能主義を打破する必要があろう。

いま、私たちが迫られているのは、価値観の転換である。価値観の早急な転換なしには、現在の環境問題は決して解決できず、ただ滅亡が待っているだけなのである。

この地球は、私たちの世代だけのものではない。私たちの祖先が生きてきたように、そして私たちがこの地球で生きているように、私たちののちの世代もまたこの地球上に生きる権利をもっている。★87私たちの世代が、自分たちの利便と享楽をほしいままにし、それによって、将来の世代には、資源の枯渇、環境の悪化、長寿命の危険物の保管、突然変異の

85　本章一の注66で述べた子供の聴神経腫の悪性化が起こる可能性もある。

86　第二巻第二章の四参照。

87　現在の法体系には、将来の世代を保護する視点が欠落しているが、本書で述べてきた、現在の地球規模の環境破壊と細胞内での遺伝子破壊の実態を考慮すれば、そうした観点を法体系に組み込む緊急性がかつてなく高まっている。

蓄積という、四重苦を押し付けることが許されるのであろうか。
私たちが選択する道は、一つしかない。

■希望が中央アジアから

ウスベキスタン、カザフスタン、キルギスタン、タジキスタン、トルクメニスタンの中央アジア五カ国は、一九九三年九月二十八日以降十三年続けてきた共同作業のすえ、二〇〇六年九月八日、これら五カ国の全域を「中央アジア非核地帯」と宣言する「中央アジア非核地帯創設に関する条約」を、旧ソ連の巨大な核実験場があったカザフスタンのセミパラチンスク[★88]を調印の場に選んで、北半球で初の非核地帯[★89]を実現した。

この中央アジア非核地帯は、これら五カ国が核兵器を保有しないだけでなく、他国による核兵器の通過・運搬も認めないものであり、旧ソ連に属していたこれら諸国の勇断は、高く評価されるものである。日本が、戦後、高く謳ってきた「非核三原則」(持たず、作らず、持ち込まず)と類似しているが、日本の三原則は政治的な宣言で、法ではない。

中央アジア非核地帯実現のわずか一か月後の十月九日、北朝鮮(朝鮮民主主義人民共和国)が初の地下核実験を小規模ながら実施し、かつ核保有国を豪語した事実は、日本やこ

88　第三巻第二章六の「風下のヒバクシャ」の項参照。

89　ラテン・アメリカおよびカリブ地域核兵器禁止条約(一九六八年四月二十二日発効、九〇年現名称に)、東南アジア非核兵器地帯条約(九七年三月二十七日発効)、アフリカ非核兵器地帯条約(九六年四月十一日署名)の三非核地帯には南半球も含まれるため、北半球のみの非核地帯がこれまでなかった。このほか、モンゴルは北半球の一国で非核の国連認知(九八年十二月四日)を得ており、南半球だけの南太平洋非核地帯条約(八六年十二月十一日発効)もある。

れら中央アジア五カ国をはじめ、世界中を驚かせた。

そうした中で、北朝鮮の核実験を理由に「わが国も核武装の検討を」などと、無配慮な発言を繰り返した大臣などが日本で出た事実は、北朝鮮の核実験実施と並んで、非核への世界の希望[★90]に冷水を浴びさせるものであった。

私たちは、中央アジア五カ国が掲げた希望の灯火を、さらに核兵器だけでなく、原子力利用の危険性[★91]にも目を向けて反対し続けている世界中の多くの人びとともに、後世のための「全面非核」への希望の道標に変え、力強く歩み続ける重い責務を負っているのである。

90 注89の各条約に属する多数の国々やモンゴルの人びとも大きな衝撃を受けたであろう。
91 第三巻第二章参照。

〈資料〉東京宣言

二〇〇三年十一月二十七日、東京で開催された初のアジア環境経済人会議は、アジアの企業・法人経営者を中心に、政治家・行政官・専門家・NGO関係者等や、国連・国際機関関係者の参加を得て、深刻に進行しつつある環境問題に対してアジアの経済人がどのように対応すべきか、全体会議と分科会での熱の入った討論を通じて、以下のような基本的合意を得るに至った。

地球温暖化、オゾン層破壊をはじめとする地球規模での深刻かつ多様な環境問題に効果的に対応するには、自然環境を保全し、森林の減少、大気汚染、海洋・陸水汚染等の環境破壊を防止しうる循環型社会構築への転換が不可欠である。また、海外での環境破壊（いわゆる「公害の輸出」）や、生物毒性をもつ数多くの物質も含めての、幼少時から成人までに対する環境教育の強化は、緊急の課題となっている。しかし、同時に、アジアでは、深刻な貧困問題を克服せずして環境問題解決への取組みが困難であることも、極めて重要な視点として強調されなければならない。

このような状況において、さまざまな企業等の経営に関わる経済人として、以下に列記する方策を、実現可能なものから着実に実施に移していくよう努力し続けることが、私たちの共通の課題であると強く認識する。

一　環境教育への企業等の国際・国内貢献　　調査・測定・講演のための人材派遣と必要調査機材類の提供、大気汚染と温暖化の具体的な体験学習・連帯手段としての簡易測定法の普及およびそれらの活動への資金援助等

二　技術協力への企業等の国際貢献　　植林・有機農業・避妊技術等も含む必要分野の研修生の受入れ、技術者派遣等

三　NGO強化への企業等の国際・国内派遣　　国際的NGO連合体結成に向けての資金援助、人材派遣等

四　上記三項における熟練者・定年退職熟練者の活用

五　資金協力への企業等の国際・国内貢献　　上記四項の実施に要する資金として毎年度の純利益の〇・一％拠出

六　各国における循環型社会構築への企業等の貢献　　とくに「富める国」における大量消費・浪費社会からの脱出努力、三R（Reuse, Recycle, Reduce）の徹底

七　各企業による「企業マニフェスト」の作成

この初のアジア環境経済人会議を成功裏に終えた私たちは、第二回と第三回のアジア環境経済人会議を、それぞれ二〇〇四年に中国の北京で、二〇〇五年にインドのニューデリー

で開催する予定である。また、アジア環境経済人会議を近い将来に全世界レベル規模のものに拡大する構想も計画されている。

第一回アジア環境経済人会議は、以上を東京宣言として採択する。

二〇〇三年十一月二十七日

あとがき

一九九三年一月の初版から九九年四月の第三版まで補追で続けた『環境学』を『新・環境学』と改題し、副題も「現代の科学技術批判」と改めて、三分冊にして出版することになった。「はじめに」で述べたように、この第一巻「生物の進化と適応の過程を忘れた科学技術」の第三章には、改題前の分厚い一冊の第八章での結論部分を先に入れて、続く第二、第三巻の理解を容易にするようにした。

そのため、本巻の第一章では、まず基本的必要知見として生物と生命現象の全容を説明し、第二章では、地球規模の環境破壊、細胞内での遺伝子破壊、さらに一般市民の加害者化も、それぞれ概略を説明して、ともに第三章での結論的論点の理解を容易にするように工夫した。

このような構成の第一巻によって、第二巻で論じる、地球規模での環境破壊、第一次産業の問題点、さらに新しいバイオテクノロジーの問題点であれ、第三巻で論じる、化学産業と原子力産業が続々と産み出している人工化合物と人工放射性核種の深刻さであれ、ともに上述の本巻の主題と密接に繋がっていることが明々白々と理解できるであろう。

今回の改訂を待ち続けてくださり、三巻分冊での出版を薦めてくださった藤原書店の藤原良雄氏に心からの感謝の意を表したい。校正を担当した同書店の刈屋琢氏にも謝意を述べたい。

二〇〇八年二月二十八日

市川定夫

パキスタン、初の地下核実験（5.28, 30）　111
モンゴル1国で非核の国連認知（12.4）　164
98　**アメリカ・イギリスによるイラク攻撃開始**　74, 82, 132
熱帯雨林の大規模火災マレーシア・サバ州に広がる　74-75
世界平均気温最高値**2年連続で**5回目更新　76
1999　日本で初の脳死者からの臓器移植（2.28、3.1）　126
2000　長期大規模火災がインドネシア側で再発し、地球温暖化に拍車をかけた　75
2002　7月、市川、浦和市内での埼玉県経済人の集まりで講演　152
埼玉県環境経済人委員会結成（11.28）　152
2003　第1回アジア環境経済人会議を東京で開催、市川が議長と東京宣言起草委員長に（11.27）　153
03　東京都、神奈川・埼玉・千葉3県、4政令指定都市によるディーゼルトラック・バス規制開始　91
環境経済人会議（全国）結成　152
2004　スウェーデンのカロリンスク研究所が聴神経腫のリスクを長期調査で確認（10.13）　119
2005　JR西日本福知山線での脱線・一部転覆事故で死者107名、負傷者500名以上（4.25）　161
05　日本でアスベスト犠牲者の多数さが改めて社会問題に　117
2006　7月、北朝鮮が日本海北部に弾道ミサイルを連続発射　144
ウスベキスタンなど5共和国が中央アジア非核地帯創設に関する条約調印（9.8）　164
北朝鮮、東北部ハムギョン北道南部山地で地下核実験、小規模ながら日本で震度観測（10.9）　144
第1回環境経済人会議沖縄大会（10.16）　153
11月末～12月、新型ノロウイルスによる感染性胃腸炎患者が急速に全国的集団発生　121-122
06　世界平均最高温度値6回目更新　76
2007　東京電力柏崎刈羽原発の大事故（7.16）　122

いた　117
日本、インドネシアの熱帯雨林木材を食い潰す（1971 ～）　79
1976　マレーシアが日本への熱帯・熱帯雨林木材の最大輸出国に　79
1978　ソ連の大型人工衛星落下、地上のプルトニウム汚染　108
1979　**スリーマイル島原発事故**（3.28）　115
1982　賀田、「胎盤に放射線障害抑える成分」　126
1983　6 月、原子力安全委員会新設。ただし、委員の大半は元原子力委員会委員　142
ソ連の大型人工衛星落下、地上のプルトニウム汚染　108
世界平均気温最高記録　76
1985　日本でガソリン車の台数急増と大型化・スポーツ車化が進む（排出ガスは濃度規制のまま）　90
1986　**スペースシャトル、チャレンジャー爆発事故**（1.28）　97, 100-101
チェルノブイリ原発事故、大量の放射能放出（4.26）　74, 87
南太平洋非核地帯条約（12.11 発効）　164
86　伊方原発、調整運転実験　157
1987　**INF 全廃条約締結、核兵器削減初めて実現**（12.8）　111
87　利根川進、ノーベル医学生理学賞　55
1988　世界平均気温最高値 2 回目更新　76
1990　**START 合意、核兵器大幅削減**（6.1）　110-111
90　湾岸戦争　74-75, 132
世界平均気温最高値 3 回目更新　76
1991　春に、北海道などの上空でのオゾン量減少が観察され始める　81
91　**クウェート油井の大規模火災**　75, 77, 82
1992　3 月、京都でワシントン条約第 8 回締結国会議　130
6 月、アメリカとロシア、核兵器 60%削減（START II）合意　111
スペースシャトル、エンデバー宇宙実験（9.12 ～ 20）　88, 104
10 月、**フランスのラ・アーグから東海へのプルトニウム輸送**（翌年 1 月まで）　143
92　埼玉県、業者テスト禁止　116
1993　ウスベキスタン共和国など 5 共和国が非核地帯創設への共同作業開始（9.28）　164
文部省、業者テスト禁止　116
1994　オウム真理教による松本サリン事件（6.27）　117, 149
スペースシャトル、コロンビア宇宙実験（7.8 ～ 23）　104
1995　兵庫県南部大地震（1.17）　116
オウム真理教による東京での地下鉄サリン事件（3.10）　117, 149
95　日本で**特定フロン全廃**　76, 151
日本でアスベスト全面使用禁止に　117
1996　アフリカ非核兵器地帯条約（4.11 署名）　164
1997　3 月、堺市などで病原性大腸菌 O157 による被害　117
東南アジア非核兵器地帯条約（3.27）　164
臓器移植法成立（6.17、施行 10.16）　125-126
12 月、温暖化防止京都会議　74
97　インドネシアのスハルト大統領一族への富と利権集中をアジア諸国救援の OECD が指摘　136
インドネシアで熱帯雨林の長期大規模火災　74-76
世界平均気温最高値 4 回目更新　76
1998　3 月、臓器移植法施行前の脳死者からの臓器移植 8 件不起訴に　126
5 月、反スハルトの暴動も起こり、同大統領辞任　136
インド、24 年ぶりに地下核実験（5.11, 13）　111

年表索引

1831　ダーウィンら、ビーグル号航海（〜 1836）　63
1859　ダーウィンら、『種の起源』　63
1865　メンデル、遺伝法則発見　26-27
1900　コリンズ、ド・フリース、チェルマック、遺伝法則の再発見　26-27
1910　モーガン、伴性遺伝発見　28
モーガン、連鎖と組換え発見　39
1928　グリフィス、形質転換を発見　31
1940　ビードルとテイタム、一遺伝子一酵素説　30
1944　アベリーら、「遺伝子は DNA」　31
1945　**ニューメキシコ州アラモゴードで最初の核実験**（7.16）
広島にウラン原爆投下（8.6）　112
長崎にプルトニウム原爆投下（8.9）　112
日本終戦（8.15）
1950　スウェーデンで酸性雨観察され始める　77
1952　ハーシェイとチェイス、「遺伝子は DNA」　31
1953　ワトソンとクリック、DNA 二重らせんモデル　32
1954　**ビキニ環礁で初の水爆実験、「第五福竜丸」事件**（3.1）
1957　10 月、ソ連、初の人工衛星打上げ　107
1958　メセルソンとスタール、半保存的複製の証明　33
1961　**ウォストーク 1 号、初の有人人工衛星、「地球は青かった」**（4.12）　107
1963　ソ連、初の女性宇宙飛行士（6.16）　107
1965　ソ連、ウォスフォート 2 号、初の宇宙遊泳（3.18）　107
8 月、市川、ブルックヘブン国立研究所研究員（〜 1967.3）　102, 157
11 月、アメリカ・カナダ東部で大停電事故、ニューヨーク市などで多数の死者　117, 157, 161
1966　ニーレンバーグら、オチョアら、コラーナら、全遺伝暗号の解明　37
66　**生物衛星実験、ムラサキツユクサで無重力の危険証明**（〜 1967）　88, 103-104
1967　アポロ 1 号火災事故、3 名死亡（1.27）　100
ソユーズ 1 号、帰還時墜落事故、1 名死亡（4.23）　101
1968　ラテン・アメリカおよびカリブ地域核兵器禁止条約（4.22、1990 に現名称に）　164
1969　**アポロ 11 号月面着陸、人類初の足跡**（7.20）　104
1970　**スウェーデンで酸性雨被害顕著に**　77
日本、フィリピンの熱帯木材ほぼ食い潰す　79
日本、初の人工衛星打上げ　108
1971　ソユーズ 11 号、帰還時火災事故、3 名死亡（6.30）　101
1972　8 月、市川、メキシコ・チャピンゴ農科大学大学院客員教授（〜 1973.8）　106
1974　インド、初の地下核実験（5.18）　111
74　日本でガソリン車排気ガス規制始まる　90
アルフベン、「無尽蔵の太陽光はエネルギーの主役」　112
1975　1 月、AEC 解体、NRC 発足。委員は全員交代　142
アポロ宇宙船とソユーズ宇宙船ドッキング（7.18）　107
75　日本では、アスベスト原則禁止となったが、5% 以下含有の使用は容認されて

人名索引

アームストロング　104
アベリー　31
天谷和夫　152
アルフベン　112
池永満生　104
ウォーレス　62
大内　125
オチョア　37

賀田恒夫　126
キリスト、イエス　140
クリック　32
グリフィス　31
コラーナ　37
コリンズ　26
ゴルバチョフ　111

肖玲芝（シャオ・リンツィ）　153
ショスタコービッチ　160
スタール　33
スハルト　136

ダーウィン　62-63
田中角栄　160
チェイス　31
チェルマック　27
テイタム　30
利根川進　55
ド・フリース　26

ニーレンバーグ　37

ハーシェイ　31
ビードル　30
フセイン政権　132

マコーリフ、クリスタ　100
マハティール　135
向井千秋　104
メセルソン　33
メンデル　26-27
毛利衛　104-105
モーガン　28

ユンク、ロベルト　144

ワトソン　32

タスマニアの島々　63
チェコ　26
千葉県　91
チャピンゴ　106
中央アジア　164-165
中国　153, 169
つくば市　145
ドイツ　126
東海村　143
東京都　73, 91, 117, 149, 153, 168
——豊島区　122
——都内　73
東西ブロック　111
東南アジア　75, 79
——諸国　153
トルクメニスタン共和国　164

な　行

長良川　160
ナチス・ドイツ　112
南氷洋　69
日本　53, 60, 67, 69, 78-81, 85, 89-90, 93, 104, 108, 117, 119, 124-126, 131, 133, 135-137, 140, 142-144, 146, 149, 151-152, 155, 161, 164-165
——海北部　144
——全土　121
ニューギニア島　63
ニュージーランド　63
ニューヨーク市　117, 157
ニューヨーク州　157
ノルウェー　69

は　行

パキスタン　111, 131
パナマ運河　143
羽田　106
ハムギョン北道南部　144
バルト海　77
パレスチナ　132
バングラデシュ　75, 131
兵庫県南部　116
ブラジル　124
フランス　143
ブリューン（ブルーノ）　26
ブルックヘブン　102, 157
フロリダ州　100-101, 131
ベトナム　132
ベラルーシ共和国　111
ペルー　65
北極圏　131
ボリビア　65

ま　行

松本市　149
マレーシア　74, 79, 135
南アフリカ　152
南アメリカ　63, 65, 82
南太平洋　164
南半球　164
メキシコ市　106, 117
メキシコ中央高原　13
モンゴル　164-165

や　行

谷田部町　145
山原地域　131
ヨーロッパ　61, 111, 119, 135, 162
——諸国　69, 161
ヨハネスブルグ　152

ら　行

ラ・アーグ　143
ラオス　132
ラテン・アメリカ　164
ロシア共和国　110-111
ロスアンゼルス　117
ロングアイランド　157

地名索引

あ 行

アジア　61, 113, 168
——・太平洋地域　111
——諸国　136
足尾　89
アフガニスタン　132
アフリカ　61, 66, 81, 113
——大陸　61
——西海岸　143
アメリカ　43, 64, 67, 74, 82, 88, 97, 100-103, 107, 110-112, 115, 117-119, 131-132, 139, 142, 157, 161
——諸国　69
——中西部　82
——北東部　77
アラブ諸国　132
アルゼンチン　82
アンデス（高原）　65-66
伊方　157
イギリス　63, 74, 119, 132
イスラエル　111, 132
イラク　74, 82, 132
イラン　132
西表島　131
インド　10, 111, 131, 137, 153, 169
インドネシア　74-76, 79, 136
ウクライナ共和国　110
ウスベキスタン共和国　164
浦和市　152
オーストラリア　63, 67, 82
——大陸　63, 66
オーストリア　26
沖縄県　131, 153
沖縄本島　131

か 行

カザフスタン共和国　110, 164
柏崎　122
神奈川県　91
カナダ　78, 108, 117, 157
——南東部　77
ガラパゴス諸島　63
カリブ地帯　164
刈羽　122
韓国　153
広東　153
カンボジア　132, 137
北アメリカ大陸　67, 81
北朝鮮（朝鮮民主主義人民共和国）　144, 164-165
北半球　164
キルギスタン　164
クウェート　75, 77, 82, 132
ケネディー宇宙センター　100
ケララ州　10
神戸市　116
コーンベルト　82
古代ギリシャ　140
五大湖周辺　77

さ 行

埼玉県　1-2, 91, 116, 152-153
——さいたま市浦和区　152
サハラ砂漠　81
サンフランシスコ　117
知床　131
スウェーデン　119
——南西部　77
スリーマイル島　115
セミパラチンスク　164
ソ連　69, 78, 100-102, 107-108, 110-111, 132
旧——　100, 111, 164

た 行

太平洋　111
——諸国　75
——南部　143
タジキスタン共和国　164

ま　行

マストドン　60
マッコウクジラ　68
マングローブ　132
マンゴー　134
マンモス　60

ミドリムシ　16
ミル　16
ミンク　130
ミンククジラ　69

ムラサキツユクサ　84, 88, 102-104
——実験株　83
——BNL02 株　15

メダカ　104

猛禽類　131
猛獣類　131
木本植物　23
モグラ　62, 64-65
モモンガ　64
モロコ　67

や　行

野犬　106
野生イモ類　135
野生高等植物　131
野生生物　130
野生動物　130-131
野生熱帯果樹　135
ヤンバルクイナ　131
ヤンバルテナガコガネ　131

ユーカリ　66
有胎盤類　63
有袋類　63-64, 67

陽樹　23
養殖魚　139
養殖ハマチ　155

ら　行

ライオン　66
ラクダ　65
——科　66
落葉樹　79
裸子植物　59
ラバ　65
ラン藻　16

リャマ　66
緑色植物　22
緑藻　16-17

類人猿　61

レオポン　65

わ　行

ワシ　131
ワニ　130

チーター　66
地衣類　23
チャ　134
鳥類　28, 57, 60, 62, 79
チンチラ　130

蔓植物　79

テオシンテ　133
テン　130

頭足類　59
動物　16-18, 20, 22, 27, 29, 57, 64, 66, 105-106, 127, 129, 138
——ウイルス　14-15
トウモロコシ　29, 82, 133, 139
トキ　21, 131
特用作物　134-135, 139
トラ　130
トンボ　131

な　行

ナウマンゾウ　60
ナガスクジラ　68-69, 131

肉食動物　22, 64, 66, 70
二本鎖ＤＮＡウイルス　15
ニワトリ　52, 104
——のヒヨコ　129

ネアンデルタール人（旧人）　61
ネコ　62, 65, 67, 106
ネズミ　55-56, 67, 102
熱帯果樹　134-135, 139

ノリウツギ　23
ノロウイルス　122

は　行

ハイエナ　66
肺炎双球菌　31
パイナップル　134
バクテリア　15-16, 20, 54, 68, 70, 100, 122
バクテリオファージ　15, 31
ハゲワシ　66
爬虫類　59-60, 79
バナナ　134
パパイヤ　134
パンサー　131

被子植物　27, 59
微生物　14, 22, 30, 36, 52, 66, 85, 122
ヒツジ　66, 69
ピテカントロープス（原人）　61
ヒト　14, 21, 26, 37, 41, 43, 52, 58, 61-62, 65, 70, 81, 87, 98, 104, 127, 140
ヒノキ　78
ヒョウ　130
病原菌　71
ヒワ　63

フィンチ　63
腹足類（巻貝類）　59
フクロアリクイ　63-64
フクロウサギ　63-64
フクロオオカミ　63-64
フクロネコ　63
フクロネズミ　63
フクロモグラ　63-64
フクロモモンガ　63-64
フジバカマ　131
ブタ　69
ブタクサ　67
フナ　67
ブラックバス　67
ブルーギル　67
ブロントサウルス　59

ベンガルトラ　131

ポインセチア　62
ホタル　131
ホッキョクグマ　131
哺乳類　17, 28, 57, 63, 65, 68, 79
ボルボックス　16

キツネ　130
キツネノタンポポ　70
巨大シダ類植物　59
魚類　57, 61, 68-69, 155

クジラ　62, 65, 68-69
クスノキ　23
組換え作物　139
クリ　23
クロコダイル　130
クロサイ　130
クロマグロ　131
クロマツ　23
クロマニョン人　61
クロレラ　16

原核生物　14, 16, 18, 36, 43-44, 46, 56, 70
嫌気性バクテリア　95

コアラ　63, 66
コイ　104
高等植物　14, 16, 24, 27, 71
高等真核生物　14, 36, 43, 46, 54, 56
高等動物　14, 16, 52, 70-71
酵母菌　102
コウモリ　62, 65
コーヒーマメ　134
コケ類　23
コムギ　82, 132
——属　132
昆虫類　17, 21, 23, 63, 106, 131

さ　行

サーベルタイガー　60
サイ　130
サクラソウ　131
サトウキビ　134
サボテン　13, 62, 65
サル類　79
サルモネラ・エンテリティディス菌　117
シカ　106
シソチョウ（始祖鳥）　60
シダ類　59-60, 79
シマウマ　66
シマフクロウ　131
ジャガイモ　62, 139
——の近縁野生種　133
——の祖先種　65
周期ゼミ　64
ショウジョウバエ　28-29, 102, 104
常緑樹　79
植物　16-20, 22-24, 29, 62-63, 66, 70, 77-78, 87, 124, 129, 131, 138
——ウイルス　15
シロナガスクジラ　68-69, 131
真核生物　16, 19, 43-44, 46
真核微生物　16
新型ノロウイルス　86

スギ　78
ステゴサウルス　59

セイタカアワダチソウ　67
セイヨウタンポポ　67
脊椎動物　17
節足動物　17

ゾウ　60
草食動物　22, 63, 66, 70
草本植物　23
藻類　23

た　行

大腸菌　31-33, 36, 68, 102
大腸菌Ｏ－157　117
タイマイ　130
タカ　131
タコ　59
タヌキ　106
タバコ　134
タブノキ　23
単孔類　63
タンポポ　67

生物索引

あ 行

ＲＮＡウイルス　15, 25-26, 58
アウストラロピテクス（猿人）　61
アオウミガメ　130
アオノリ　16
アカゲラ　131
アカパンカビ　30
アケボノゾウ　60
アジアゾウ　60
アフリカゾウ　130
アフリカワタリバッタ　21
アメーバー　16
アメリカザリガニ　67
アメリカシロヒトリ　67
アユ　67
アライグマ　106
アラカシ　23
アリクイ　64-65
アリゲータ　130
アンモナイト　59

イカ　59
イチュウ　66
一本鎖ＤＮＡウイルス　15
イヌ　67, 70, 106
イネ　27
――科　66, 70
イノシシ　106
イモリ　104
イモ類　135
イリオモテヤマネコ　131
インドライオン　131

ウィード　133
ウイルス　14-15, 20, 26, 37, 54, 58, 70-71, 85, 100, 121-122
ウサギ　52, 64, 67, 70
ウシ　66, 69
ウシカモシカ　66
ウチワサボテン　62
ウマ　60-62, 65
ウミガメ　130
海鳥　106-107

エギロープス属　132
エンドウ　26

大型恐竜（爬虫類）　59
オオカミ　64
オオクチバス　67
オキアミ　69
オジロワシ　131
オランウータン　79

か 行

カイコ　29
貝類　121
カエル　62, 104
カキ　121
家禽　139, 155
家畜　67, 69, 81, 133-134, 139, 155
カビ類　16, 24, 68
カボチャ　62
カメレオン　62
カモ　63
カモノハシ　63
カラタチ　62
カワウソ　130
カンガルー　63

キイロショウジョウバエ　28
帰化植物　66-67
帰化動物　66-67
帰化肉食魚　67
帰化微生物　67
キジ　131
キタキツネ　106
キツツキ　131

木材搬出用の道路建設　137
文字　140
モーター　118
モトクロス、サーキット走行　91
モナザイト　10
森永ヒ素入りミルク事件　89
モンサント社　139
文部省通達　116

や　行

薬学　112
野生生物の滅亡や著しい減少　130

有機塩素系化合物　85
有機塩素系殺虫剤　84
有機水銀　89
雄蕊毛　84, 88, 102-103
有性生殖　16, 65
誘発突然変異　42
ユダヤ系科学者　112
輸入農作物　67

養殖漁業　139
揚水発電所　157
ヨウ素　86-87
——129　87
——131　87
——の高濃縮　87
葉緑体　17
余剰電力　157
四日市や川崎のぜんそく　89

ら　行

ライフラインの寸断　116
ラテン・アメリカおよびカリブ地域核兵器禁止条約　164
ランゲルハンス島　49-50
卵と精子がもつ同種確認たんぱく　57

リーキー突然変異　40
リサイクル　94, 152, 158-159
リニアモーターカー　118
利便性　3, 98, 141, 158
利便追求思考　98
リボソーム　25, 34, 36
硫酸　77
量産化　161

冷戦構造　109, 111
冷蔵庫・クーラーの冷媒　76
冷暖房　162
レジャー用ＲＶ車、四輪駆動車　90
劣化ウラン弾　82
劣性突然変異　21, 122
「列島改造論」　160
連鎖　28-29

浪費社会　123, 169
ロケット技術　109
ロドプシン　25, 57
ロボット化　113-115
——による職の消失　115

わ　行

ワニ皮　130
湾岸戦争　74-75, 132

ブルックヘブン国立研究所（ＢＮＬ）　102, 157
プルトニウム　108, 143
——239　109, 142
——汚染　108
——原子炉　108
——社会　148, 158
——の軍事・エネルギー利用　119
フレームシフト型突然変異　40-42
フロン　74-76, 80, 84, 92, 151
分解者　23, 150
文化や生活の画一化　155
分子遺伝学　128, 144
分子生物学　43-44, 112

鼈甲　130
ペットボトル　158
ベトナム戦争　132
ペプチド結合　25, 34, 36
ヘモグロビン　24, 57
変異原　42, 83-86, 90
——性　83-86, 94-95, 120, 126

包括的核実験禁止条約（ＣＴＢＴ）　111
防カビ剤　84, 156
防御機能　69, 71-72
放射性核種　86-87, 150, 154
放射性同位元素利用　120
放射性廃棄物　119
放射性ヨウ素の人為的作出　87
放射線　42, 103, 151
——被曝　86, 103
——被曝者　54, 119, 120
——利用　120
——レベル　10
暴走族　91
防腐剤　156
捕獲　66, 69, 130
ボーキサイト　152, 158
捕鯨　69, 131
——オリンピック　69
——の国際的禁止　69
ポリエチレンテレフタレート（ＰＥＴ）樹脂　158
ポリジーン　29
ホルモン　20, 25, 48-50, 71, 129
——たんぱく　50, 56-57
——たんぱく分子　18
——と受容体との結合　50
——と神経による協調調整機構　49
——による恒常性維持・調節　48
——の標的器官　48, 50
翻訳　25, 34, 39, 43-45

ま　行

松本サリン事件　149
麻薬学　112
マレーシアの「ルック・イースト」政策　135
マングローブ帯　132
慢性的な飢餓　136
マンハッタン計画　112

ミサイル　109
水俣病　89
南太平洋非核地帯条約　164

無重力　88, 102-105
——が細胞分裂を乱す　88, 102
——の生物学的危険性　88
ムラサキツユクサの宇宙実験結果　104

メタン　75-76, 95
メラニン　71
免疫　55, 71, 100
——たんぱく　54, 56-57
——たんぱく分子　18
——毒性　100
——能低下　100
——反応　20, 52, 54, 71
——抑制剤　53-54, 124, 140

ノロウイルス感染性胃腸炎　121-122

は　行

バイオテクノロジー　99, 120, 145, 149, 171
バイオマス　124
倍数体　41
胚性幹（ＥＳ）細胞　71
肺臓　19, 57
胚操作技術　144
胚乳　27
剥製　131
爆発物　112
はしご状神経　17
パソコン　118, 162
発がん
——性　83-86, 94-95, 120
——の危険性　118
——物質　83, 88
発泡スチロールなどの発泡剤　76
パネルヒーター　92
パラシュート　112
バルト海南部の工業地帯　77
繁殖力　67-69
伴性遺伝　28
半導体
——の洗浄剤　76
——利用の集積回路（ＩＣ）　113
——利用の大規模集積（ＬＳＩ）化　113
——利用の超ＬＳＩ化　113
晩発性障害　120
半保存的複製　33

非意図的に生じる人工有機化合物　85
ＢＨＣ　84
被害予約者　86-87
ＰＫＯ（国連平和維持機構）　137
飛行機　105, 112
Ｂ細胞　20, 53, 55-56
ＰＣＲ法　129
非自己識別機能　52
ＰＣＢ（ポリ塩化ビフェニール）　85, 120-121
——混入食用油　89
ヒストン　16, 30, 57
ビスフェノールＡ　85, 121
ヒ素　66
非電離放射線　118
ヒト・ゲノム　43
ヒトの進化過程　61
皮膚　19, 53
——移植　53
——がん　81
——細胞　53, 71
病原微生物学　112
兵庫県南部大地震　116
病弱者　120
貧困の固定　133, 136
頻発する未成年者の凶悪犯罪　116, 162
貧富の差の拡大　113, 134, 137

フィードバック機構　20, 48-49, 71
フェロモン　21
不可逆的影響を与える人工加工物　156
不急・不要の自動車使用　91
副交感神経　49
副腎皮質刺激ホルモン　50
福知山線　161
フタル酸エステル　121
復帰突然変異　151
物質循環　22, 150
船　112
浮遊粒子状物質除去装置　91
プラスチック
——ごみ類　94
——添加物がリサイクルを困難に　94
——類　94-95, 158
——類のリサイクル　152
プランテーション　134

87, 98-99, 105, 133
——形質　60
——した繁殖力　67
——放散　64-65
テクノクラート社会　141-143, 145-146, 148-149
——の拒否　149
寺子屋　140
テレビ　92, 105, 118, 146-147, 152, 162
民放——　148
電位差　118
電気依存性　157
電気・ガス・水道　116
電気から適切なエネルギーへ　158-159
電気洗濯機　94
「電気の缶詰」　93, 158
電気冷凍冷蔵庫　92
電子工学技術　113
電磁波　118
誘導——　155
転写　25, 34, 43-46
電子誘導技術　101, 109
電子レンジ　118
電波・通信技術　112
電離放射線　118
電力の浪費　92-93
伝令RNA　25, 34-37, 41-46
——の塩基配列　34, 40

東京宣言　153, 170
東京電力　122-123
東南アジア非核兵器地帯条約　164
特定フロン　76, 151
毒物学　112
独立（国等）　79, 134-135
都市機能を瞬時に喪失　116
突然変異　21, 28, 30-31, 39-42, 81, 83-84, 86, 89, 120-122, 151
——遺伝子　21, 121
——検出系　102
——の蓄積　163
——発生頻度の抑制　121
——誘発率　120
土木工学　112
トランスポゾン　42
トリウム232　10
トリクロロエチレン　85
トリハロメタン　85, 95, 156
トリブチルスズ　121
トリプP　88

な　行

内分泌腺　48
南極・北極での氷解　75

二酸化炭素　22, 75-77, 80, 83, 90, 92, 95, 133
ニトロフラン系合成保存料　85
二本鎖DNA分子　15, 33
ニワトリ胚の発生異常　104
人間性喪失　139-140

ネズミ培養細胞　102
熱帯雨林　24, 74, 76, 78-80, 135
——皆伐　137
——資源の枯渇　137
——の急速な破壊　75
——の光合成量　79
——の破壊　74, 133, 138
熱帯農学　112
熱帯林　79, 132, 134-135
——・熱帯雨林木材の輸入急増　79

脳硬膜の移植　126
脳死　124-126
——者　125-126
——状態　53, 126
——状態の人体の臓器　124
——判定　139-140
——問題臨時調査会（脳死臨調）　125-126
農薬汚染　95, 155
農薬類　85, 95, 120
ノニルフェノール　121

大進化　61
代替フロン　76, 151
体内に蓄積される人工有機化合物
85
第2回アジア環境経済人会議
153, 169
大脳の発達　61, 140
胎盤　57, 63, 124, 126-128
——エキスからつくられた医薬品
127
対流圏や成層圏の大気汚染　107
大量殺戮　130
——兵器　132
大量消費経済システム　161
大量電力消費地　118
ダウン症　10, 41
多型現象　21
脱硫装置　77
ターミネーター　46, 139
ダム建設　137
たんぱく　31, 34, 50, 52-53, 57, 71
——系　48
——合成　37, 41, 55
——質　15-16, 23-26, 30-31,
39-40, 46-47, 50, 56-58, 128-129, 151
——質分子　18, 25-26, 34, 36,
39, 43-44, 54, 128
——反応抑制剤　53
異種——　71
外被——　14-15, 31
酵素——　18, 31, 46, 56-57
抗体——　55-56, 71
受容体——　100

チェルノブイリ原発事故　74
——による人工放射性核種の大量
放出　87
地下資源　135
地下鉄サリン事件　117, 149
地球規模の環境破壊　1, 73, 74,
80-83, 100, 123, 134, 152, 160, 163, 171
地球サミット　74, 133
地球全体の破滅　110
地球の温暖化　74-76, 80, 84, 95,
132, 156, 162, 168
——の加速　76, 138
地質学　112
窒素酸化物　77, 83, 90-92
チャピンゴ農科大学大学院　106
中越沖大地震　122
中央アジア非核地帯　164
中枢神経　17
中性子爆弾　110
長距離送電　118
長距離ミサイル　109-110
長寿命危険物の保管　163
長大な送電設備　93
重複受精　27
地理的隔離　62-64, 131

使い捨てプラスチック製品　94
月に人を送るプロジェクト　102
筑波（理化学研究所）Ｐ４施設
145

ディーゼル車　73, 77, 90-91
ＤＮＡ（デオキシリボ核酸）
15-16, 18-19, 25-26, 29-36, 39, 41-42,
44-46, 55-58, 70, 85, 120, 122,
128-129, 151
——塩基対　151
——鑑定　129
——結合たんぱく　57
——損傷　151
——損傷の修復機能　42
——二重らせんモデル　32-33
——の塩基配列　34, 39-40, 46,
56, 128
——の物質視　128-129, 133
——複製　18-19, 33, 45
——「編集」　56
——ポリメラーゼ　34
相補的——　129
定向進化　60-61
Ｔ細胞　20, 52-53, 100
停止暗号　37, 41
ＤＤＴ　84-85, 121
適応　13, 58, 60, 62, 64-67, 69, 72,

スター・ウォーズ　110
ＳＴＡＲＴ（戦略核兵器削減）　110-111
スチレン　85, 121
ストロンチウム90　87
スプライシング　45-46
スプレー缶の充填剤　76
スリーマイル島原発事故　115

生育環境の悪化　131-132
制限酵素　70
生産者　22, 150
政治・社会形態　148
生殖細胞　27, 41, 86
生殖的隔離　21, 62, 64
性染色体　28
成層圏　80, 84, 107
——のプルトニウム汚染　108
生息環境へ適応　62
生体肝移植　124
生態系　18, 21-23, 26, 75, 78, 81, 86, 99, 120, 130, 150-151, 156, 160
生態系の破壊　99-100, 151, 156
性の撹乱　100, 160
生物衛星実験　88, 102, 104
生物学的危機　119, 121
生物資源　124
生物種の絶滅や減少　133
生物の資源視　129-130, 138
生物の進化と適応の過程を忘れた科学技術　3-4, 11, 58, 82, 84, 98-100, 141, 171
生物の多様性　63
生物の物質視　129
生命科学技術　144
生命現象　13-14, 18-21, 24-26, 40, 43, 46, 48, 50, 55-58, 71, 128-129, 171
——の設計図　18, 25, 120, 129
生命の資源視　123, 128-129, 138
生命の物質視　128-129
赤道　79
石油化学　112
石油原材料の人工有機化合物　85
セシウム137　87
絶滅の危機　131-132
染色体　15-16, 18-19, 26-30, 40-42, 57, 88, 103, 120
——異常　40, 103
——構造変化型突然変異　40
——数変化型突然変異　40
——不分離　41
先進国　79, 93, 133-137, 139
工業——　74
戦争　74, 82, 112, 132, 151
先端技術　113, 141, 146-147, 149

臓器　54, 124, 126-128
——移植　53-54, 124-126, 139-140, 145
——移植手術　53-54
——移植法　125
——の資源視　129, 133
象牙　130
相互調和的平衡　150
想定外事故　100-101
相同器官　61-62, 65
相同染色体　27, 29, 122
相補的塩基対合　33
組織　18-20, 23-24, 46, 49, 54, 56, 86, 124, 127, 139-140
貯水——　65

た　行

第1回アジア環境経済人会議　153, 168-170
ダイオキシン　85, 94, 120-121, 156
——の免疫毒性の判明　100
体外受精　57, 68, 145
大気汚染　73, 84, 89, 107, 154, 168-169
——物質　83-84, 93, 124
——物質による突然変異やがん誘発　83
——物質の総排出量　91
大規模集団発生　122
耐久力　94
体細胞突然変異　86
胎児性ヘモグロビン　57

自動車　76-77, 90, 94, 105-106, 112, 123-124, 157, 161
　——の大型化・ステイタスシンボル化　90
　——の購買者・運転者の加害者化が進む　91
島根医大　124
宗教　125, 140
重金属汚染　89
集団発生　121
集中化から分散化へ　155, 159
十分な情報　148
宿主特異性　15
種子食　63
樹上生活　64
受精競争　41
狩猟　130-131
硝酸　77
小進化　61
消費者　3, 150
　高次——　22
　第一次——　22
情報管理社会　146-148
情報ネット　146
乗用車のモデルチェンジ間隔年数　161-162
触媒　46-48, 57
食品　95, 117, 139, 155-156, 163
　——工学　112
　——添加物　85, 120, 156
植物体内へのヨウ素の驚異的高濃縮　87
植物ホルモン　20
植民地拡大　112
食物連鎖　22-23, 120
食糧資源の浪費　138
植林　77
除草剤　84, 95
自律神経　49
進化　16-17, 58-63, 65, 71, 160
　——と適応の過程　11, 58, 62, 72, 82, 98-100, 105, 141, 150, 171
　——の過程　58, 61, 65, 99, 105, 139
　——論　62
真核細胞　14-16, 19
新幹線　88, 106, 161
神経　20, 49, 57, 71, 119
　——細胞　71
　——分泌細胞　49
人工衛星　81, 107-108
　——地上落下　108
　——のプルトニウム電池　108
人工化合物　84, 88, 94-95, 99, 120, 123, 146, 149-151, 156, 171
　——の使用　133
　——の体内蓄積　99, 151
人工的条件　88
　——による生態系破壊　99
人工物から天然物へ　156, 159
人工放射性核種　86-88, 93, 99, 119-120, 150, 156, 171
人工流産　124, 126-127
　——で得られる胎盤や胎児の組織の資源視　139-140
心臓　19, 49, 53, 124-126
　——移植　124-125
　——病　138
　——ペースメーカー　118
腎臓　124-125
　——移植　124-125
人体への無重力の影響　105
森林
　——地帯　77
　——破壊　75, 78
　——伐採　133
　——や湖沼の死滅　77
人類学　112
人類集団　120-121
　——の選択圧の弱まり　120

水産資源の乱獲・枯渇　133-134, 137
水洗トイレ　76
膵臓　49-50
水道水　95
姿を消した公衆電話　118
スギやヒノキの全国的植林　78

合成界面活性剤　85, 94
合成繊維　112
合成洗剤　76, 85, 94-95
酵素　25, 30-31, 46-48, 70
　——基質複合体　47
　——の反応特異性　47
　——の立体構造　46
高層ビル　116
高速化による危険性と疲労の増大　161
高速交通による動物死　105
高速道路や鉄道の高架橋の崩壊　116
抗体　20, 25, 52-53, 55-56
広大な平野部の水没　75
交通渋滞　73
高等生物のＤＮＡ複製　33
国際環境保護団体グリーンピース　143
「国民総白痴化」放送　148
国立遺伝学研究所　126
五大湖周辺の工業地帯による酸性雨　77
骨髄　52, 54, 125
　——移植　54, 125
　——適合者　54, 125
骨組織　19
コドン　37-38, 41
御用学者　143
昆虫食　64
コンピューター　114-116, 146
　——ウイルス　146, 148
コーンベルトの砂漠化　82

さ　行

犀角　130
催奇性　94
埼玉県環境経済人委員会　152
栽培植物に近縁の野生種の絶滅　132
栽培法や飼育法の画一化　155
細胞内での遺伝子破壊　73, 82-83, 100, 123, 152, 160, 163, 171
細胞分化　17-19
細胞壁　17, 24
作物や家畜・家禽の品種の画一化　155
殺菌剤　95
雑食　63-64
殺虫剤　84, 95, 156
砂漠化　81-82, 133-134
サリドマイド禍　89
酸化プルトニウム　108
酸性雨　74, 76-78, 83, 89, 162
酸素分子　80
残留性　95

ＪＲ西日本　161
ジェット機　88, 106
　——エンジンへの海鳥などの衝突死　106
　——旅客機の離着陸時の事故　115
紫外線　42, 71, 80-81, 84, 120
視覚　57, 106
敷物用の毛皮　130
子宮　19
試験管内でのＤＮＡ分子増殖　129
資源視　123, 126, 128-130, 133, 138-140
資源の枯渇　163
四国電力　157
自己防御機能　71
自然あっての人類　160
自然環境　61, 69, 98-99, 168
自然突然変異　42
「自然との調和」　160
「自然にやさしい川づくり」　160
自然の法則性　139
自然放射性核種　86, 150
自然放射線　42
　——レベル　10
次代種子の発芽を封じるターミネーター（終結）遺伝子　139
ｃＤＮＡ分子　129
自動化、ロボット化などによる人間疎外　114

教育　140
——委員会　116
——分野　115
学校——　116
家庭——　116
共通の祖先　59, 61-62
拒絶反応　52-54, 124-125, 140
巨大化から適正規模化へ　155, 159
キリスト教　140
金属工学　112
近代科学技術　98
近代工業社会　82
近代人工都市の危険　116
筋肉組織　19

クウェート油井の大規模火災　75, 77, 82
くちばしの形態　63
組換え　28-29
——修復　42
クーラー　76, 92, 151, 162
クロイツフェルト・ヤコブ病　126
軍事技術　112-114
——開発　110-111, 113, 123
軍事衝突　132
燻蒸剤　156
軍事利用　112

蛍光灯　118
経済活動　123, 151
経済効率　98, 141
経済人　152, 168
経済性　98, 141
経済摩擦の最大要因　162
経済優先主義　98
形質転換　31
携帯電話　118-119, 162
——に使われている電磁波　118
軽油　90-91
外科医学　112, 120
血液細胞　54, 71
欠失型突然変異　42
血糖値の調節機構　49
欠失型突然変異　42
結論的総括　141
原核細胞　15, 18, 46
研究機関の組換えＤＮＡ実験安全委員会　144-145
言語　39, 140
原子力　86, 113, 142-143, 146, 149-150, 156, 158, 165
——安全委員会　142
——委員会　142
——技術　112, 114, 143
——基本法　142
——産業　171
——潜水艦　110
——帝国　142, 144
——の軍事利用　109, 143
原水禁運動　143
減数分裂　27, 41
現代社会　98, 138
限定核戦争への核兵器開発　110
「原爆の被害を知った唯一の国民として平和利用の先頭に」キャンペーン　143
原発　93, 118-119, 154, 157
——事故　101, 119
——も地球温暖化に加担　156

高圧送電線　118, 155
広域給湯暖房システム室内での凍死多発　157
公害　74, 86, 89
航海術　112
公害の輸出　168
交感神経　49-50
抗原　52-53, 55-56, 71
——抗体反応　52-53, 71
光合成　16-17, 22, 24, 75-76
——量　75, 79
恒常性　18, 20, 48, 57
甲状腺
——へのヨウ素濃縮　87
——ホルモンの分泌量調節　48-49

科学技術庁　143-144
化学の急速な進展　112
化学肥料　82, 155, 158
化学変異原　42, 151
カキなど貝類が原因の食中毒　121
可逆サイクルへ　149-150, 154
画一化から多様化へ　156, 159
核軍縮　111
核酸　14-15, 18, 23-26, 30
核実験　111, 119, 144, 165
実験　111, 144, 164
核戦争　101
　全面――　110
核弾頭　109-111
　――ミサイル　110
核燃料　108, 142
　――再処理　119
　――輸送　119
核の冬　110
核不拡散条約（ＮＰＴ）　111, 143
核兵器　109, 111, 132, 142, 164-165
　――運搬手段　101, 109
　――の小型化　109
　――の使用　119
　――の廃棄　111
核膜　15, 24
核抑止論　110
隔離機構　64
加工食品　156
河口堰建設中止　160
過剰な家畜の飼育　81
柏崎刈羽原発事故　122
化石　59-61
化石燃料の大量燃焼　74-76, 83-84
ガソホール　124
ガソリン　90-91, 124, 157
　――車　90-91
価値観の転換　3, 159, 163
学校　116-117, 140
カドミウム汚染　89
カナダ、ソ連から亜寒帯針葉樹材輸入　78
カネミ油症　85, 89
過敏感　71
紙類のリサイクル　152
枯葉作戦　132
がん　83-84, 86, 89, 103, 120
　――原性　83
　――誘発原　83-86, 90
環境　23, 58, 61, 63-67, 71, 77, 80, 82, 84-85, 87, 89, 95, 120, 122, 124, 150-151, 153, 160
　――教育　168-169
　――経済人会議（全国）　152-153
　――経済人会議の誕生　152
　――サミット　74
　――の悪化　161, 163
　――破壊　3-4, 89, 91, 107, 131, 133, 137, 168
　――破壊の停止　152
　――変異原　120
　――ホルモン（内分泌攪乱化学物質）　85, 121, 156
　――問題　1-2, 98, 122, 130, 141, 152, 160, 163, 168
肝細胞　50, 71
患者を市場として量産される医薬品　156
完全電化キッチン　92
肝臓　19, 53, 70-71, 124-125, 127
　――移植　53, 124-125
乾燥機つき全自動洗濯機　92
肝組織　127
漢方薬　130, 156
ガンマ線　103, 118
管理社会から人間解放へ　159

飢餓　136, 138
器官　18-20, 23, 48, 86, 127
気象学　112
寄生　14-15
北朝鮮の核実験　164-165
貴重な遺伝子資源の消失例　133
逆転写酵素　129
休耕期の冠水停止　82
旧ソ連の巨大な核実験場　164

インターロイキン　71
イントロン　44-46, 54-56
飲料自動販売機の電力浪費　92-93, 163

宇宙開発　100, 113-114, 146
——の問題点　100, 105
宇宙科学技術　111
宇宙技術開発　100, 102, 114
宇宙空間　88, 103, 105
——での生物学的影響調査　102
——に無数の浮遊物（ごみ）　108
宇宙線　103
宇宙線と無重力の相乗効果　104
宇宙の環境汚染　107
宇宙飛行士　100, 104-105, 107
宇宙をも基地とする軍事技術開発　111
ウラン
——235　109, 142
——開発　119
——採掘、精錬、濃縮による汚染　93
——濃縮　119
——の軍事・エネルギー利用　119
——爆弾　112
運搬ＲＮＡ　25, 34, 36-37, 43-44, 46

ＡＦ２　85, 126
衛星放送　147
栄養繁殖　65
エクソン　44-45, 55-56
エックス線　118
ＮＩＨ（アメリカ国立衛生研究所）　43
ＭＥ（マイクロ・エレクトロニクス）技術　111, 113-115, 146, 148, 154, 158
襟巻用毛皮　130
塩基　32, 34, 36-37, 39-41, 44-46
——対交代型突然変異　40-42, 151
——配列　25, 33, 35-36, 40-41, 44-45, 70, 151
塩素　94-95

ＯＥＣＤ（経済開発協力機構）　136
オウム真理教　117, 149
大型開発事業　160
大型核兵器　109
大型コンビナートによる深刻な大気・海の汚染　154
オゾン　76, 80-81, 83-84
——層　80-81, 151
——層による紫外線吸収　84
——層破壊　74, 76, 80-81, 84, 120, 151, 168
——ホール　81, 84
——ホールによる突然変異・皮膚がん増加　81
——ホールの巨大化　151
——量の平衡　80
ＯＤＡ（政府開発援助）　136-138
オフ・ロード車による海岸、河川敷、山林の自然破壊　91
オラトリオ「森の歌」　160
温室ガス　75-76, 80, 90, 95
温室効果　75-76, 84
温暖化防止京都会議　74
温度日較差　65

か　行

海外への出兵・侵略　112
快適　98, 141, 156, 159, 162
海洋学　112
海洋生態系　23, 130, 132
改良型ディーゼルエンジン　91
科学技術　2-4, 11, 82, 84, 97-100, 112, 123, 141, 146, 150, 153-154, 159-160, 163, 171
——時代　96
——信奉　163
——の適用　58, 98, 151

事項索引

あ 行

アイドリングストップ 91
アイ・バンク 124
悪性腫瘍 119
亜酸化窒素 76-77
足尾銅山 89
アスベスト 117
——断熱材 117
アドレナリン 50
アフガニスタンにソ連侵攻 132
アフリカ非核兵器地帯条約 164
アポロ計画 88, 102-104
アミノ酸 25, 30, 34, 36-37, 39-41, 44, 46
——配列 25, 34, 36-37, 39-44, 46, 128
アメリカ、イギリスによるイラク戦争 82, 132
アメリカ原子力委員会（ＡＥＣ） 142
アメリカ原子力規制委員会（ＮＲＣ） 142
アメリカ航空宇宙局（ＮＡＳＡ） 101-102, 104
アメリカ国立環境衛生科学研究所（NIEHS） 118
アメリカ・ソ連の宇宙飛行士犠牲者倍増 100
アリ食 64
ＲＮＡ（リボ核酸） 15, 18, 25-26, 30, 36
アルキル化剤 85
アルコール 70, 124
アルデハイド 124
アルミ 152, 158
アルミ製品のリサイクル 93, 158
安価 80, 91, 98
安全審査 142
硫黄酸化物 77, 83, 90-92
伊方原発 157
異常気象 74-75, 82, 101
異数体 41
イスラエルとアラブ諸国の軍事衝突 132
イタイイタイ病 89
一般市民 90, 98, 101, 105, 123, 141, 143, 147
——の加害者化 4, 89, 91, 93-95, 171
遺伝暗号 14, 37-40, 46, 58
——の解明 43
遺伝形質 21, 29, 34, 41
遺伝子 21, 26, 28-32, 34-36, 42-44, 53-58, 71, 73, 88-89, 120, 132, 139
——解析 43
——型 21, 53-54
——資源 130, 133
——たんぱく説 30-31
——ＤＮＡ 35, 81, 83, 100
——ＤＮＡの塩基配列 43
優性—— 122
——組換え 144, 146
——組換え技術 129, 144
——地図 29
——の作用機構 36, 43-44, 46
——破壊 1, 82-83, 123, 152, 160, 163, 171
遺伝情報 15, 18-19, 25-26, 34, 39-40, 43-46, 55-56, 58, 60
遺伝的欠陥を補う 120
遺伝的障害 103, 120
遺伝法則の発見 26-27
異物識別反応 54
異物の識別 52-53
イラン・イラク戦争 132
医療技術の進歩 120-121
インスリン 49-50
インターフェロン 71

著者紹介

市川定夫（いちかわ・さだお）

1935年生まれ。63年，京都大学大学院博士課程修了（遺伝学専攻）。65年，農学博士，同年，ブルックヘブン国立研究所研究員。67年，京都大学農学部助手，78年，埼玉大学理学部助教授を経て，79年より同教授。2001年，同名誉教授。

著書に『いのちの危険信号』（技術と人間，1983年）『遺伝学と核の時代』（社会思想社，1984年）『新公害原論――遺伝学的視点から』（新評論，1988年）『環境百科――危機のエンサイクロペディア』（監修，駿河台出版社，1992年）『環境学』（初版1993～第三版1999年）ほか専門書も含めて多数。

訳書にR・ラッセル・ジョーンズ＋R・サウスウッド編『放射線の人体への影響――低レベル放射線の危険性をめぐって』（中央洋書出版部，1989年）がある。

新《しん》・環境学《かんきょうがく》—現代《げんだい》の科学技術批判《かがくぎじゅつひはん》（全3巻）

I　生物《せいぶつ》の進化《しんか》と適応《てきおう》の過程《かてい》を忘《わす》れた科学技術《かがくぎじゅつ》

2008年3月30日　初版第1刷発行 ©

著　者　市　川　定　夫

発行者　藤　原　良　雄

発行所　藤　原　書　店

〒162-0041　東京都新宿区早稲田鶴巻町523

電　話　03（5272）0301

FAX　03（5272）0450

振　替　00160‐4‐17013

info@fujiwara-shoten.co.jp

印刷・製本　中央精版印刷

落丁本・乱丁本はお取替えいたします
定価はカバーに表示してあります

Printed in Japan
ISBN978-4-89434-615-4

有明海問題の真相

よみがえれ！〝宝の海〟有明海

（問題の解決策の核心と提言）

広松 伝

瀕死の状態にあった水郷・柳川の水をよみがえらせ（映画『柳川堀割物語』）、四十年以上有明海と生活を共にしてきた広松伝が、「いま瀕死の状態にある有明海再生のために本当に必要なことは何か」について緊急提言。

Ａ５並製　一六〇頁　**一五〇〇円**
（二〇〇一年七月刊）

諫早干拓は荒廃と無関係

有明海はなぜ荒廃したのか

（諫早干拓かノリ養殖か）

江刺洋司

荒廃の真因は、ノリ養殖の薬剤だった！「生物多様性保全条約」を起草した環境科学の国際的第一人者が、政・官・業界・マスコミ・学会一体の驚くべき真相を抉り、対応策を緊急提言。いま全国の海で起きている事態に警鐘を鳴らす。

四六並製　二七二頁　**二五〇〇円**
（二〇〇三年一一月刊）

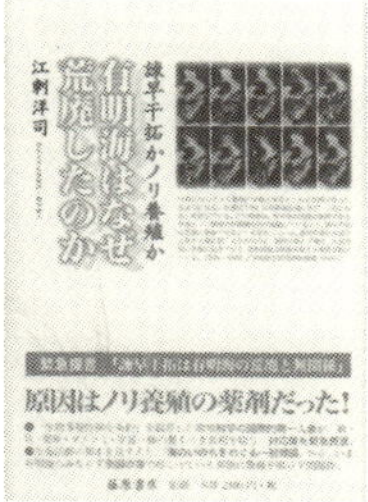

湖の生理

新版

宍道湖物語

（水と人とのふれあいの歴史）

保母武彦監修／川上誠一著

国家による開発プロジェクトを初めて凍結させた「宍道湖問題」の全貌を示し、宍道湖と共に生きる人々の葛藤とジレンマを描く壮大な「水の物語」。「開発か保全か」を考えるうえでの何よりの教科書と評された名著の最新版。

小泉八雲市民文化賞受賞

Ａ５並製　二四八頁　**二八〇〇円**
（一九九二年七月／一九九七年六月刊）

新しい学としての「水俣学」

水俣学研究序説

原田正純・花田昌宣編

原田正純の提唱する「水俣学」を総合的地域研究として展開。現地で地域の患者・被害者や関係者との協働として活動を展開する医学、倫理学、人類学、社会学、福祉学、経済学、会計学、法学の専門家が、今も生き続ける水俣病問題に多面的に迫る画期作。

Ａ５上製　三七六頁　**四八〇〇円**
（二〇〇四年三月刊）

環境問題はなぜ問題か？

環境問題を哲学する

笹澤豊

気鋭のヘーゲル研究者が、建前だけの理想論ではなく、我々の欲望や利害の錯綜を踏まえた本音の部分から環境問題に向き合う野心作。既存の環境経済学・環境倫理学が前提とするものを超え、環境倫理のより強固な基盤を探る。

四六上製　二五六頁　**二二〇〇円**
（二〇〇三年一一月刊）

〝環境学〟構築のための基本情報満載

環境学研究ソースブック

（伊勢湾流域圏の視点から）

名古屋大学環境学研究科編

環境問題を学ぶ学生、総合的に拡げたい研究者、環境ビジネス関係者……等々必携！　〝環境学〟の基盤を創るため、各領域を横断する調査・研究に欠かせないデータのありかを示す事典。

Ａ５並製　二五六頁
カラー口絵八頁　二二〇〇円
（二〇〇五年一一月刊）

東京に野鳥が帰ってきた

鳥よ、人よ、甦れ

（東京港野鳥公園の誕生、そして現在）

加藤幸子

都市の中に「ほんものの自然」を取り戻そうと芥川賞作家が大奔走。野鳥たちが群れつどう「東京のオアシス」が実現された経緯を活き活きと描く。東京港野鳥公園オープン十五周年記念。

四六並製　三一二頁　**二二〇〇円**
（二〇〇四年五月刊）

最新データに基づく実態

地球温暖化とCO²の恐怖

さがら邦夫

地球温暖化は本当に防げるのか。温室効果と同時にそれ自体が殺傷力をもつCO²の急増は「窒息死が先か、熱死が先か」という段階にきている。科学ジャーナリストにして初めて成し得た徹底取材で迫る戦慄の実態。

A5並製　二八八頁　**二八〇〇円**
（一九九七年一一月刊）

「京都会議」を徹底検証

地球温暖化は阻止できるか

〔京都会議検証〕
さがら邦夫編／序・西澤潤一

世界的科学者集団ＩＰＣＣから「地球温暖化は阻止できない」との予測が示されるなかで、我々にできることは何か？　官界、学界そして市民の専門家・実践家が、最新の情報を駆使して地球温暖化問題の実態に迫る。

A5並製　二六四頁　**二八〇〇円**
（一九九八年一二月刊）

「南北問題」の構図の大転換

新・南北問題

〔地球温暖化からみた二十一世紀の構図〕
さがら邦夫

六〇年代、先進国と途上国の経済格差を俎上に載せた「南北問題」は、急加速する地球温暖化でその様相を一変させた。経済格差の激化、温暖化による気象災害の続発――重債務貧困国の悲惨な現状と、「ＩＴ革命」の虚妄に、具体的数値や各国の発言を総合して迫る。

A5並製　二四〇頁　**二八〇〇円**
（二〇〇〇年七月刊）

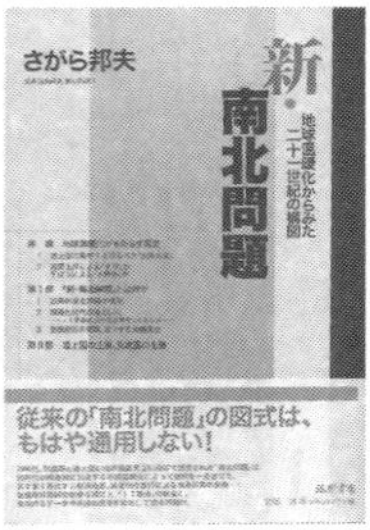

超大国の独善行動と地球の将来

地球温暖化とアメリカの責任

さがら邦夫

巨大先進国かつCO²排出国アメリカは、なぜ地球温暖化対策で独善的に振る舞うのか？　二〇〇二年のヨハネスブルグ地球サミットを前に、アメリカという国家の根本をなす経済至上主義と科学技術依存の矛盾を突き、新たな環境倫理の確立を説く。

A5並製　二〇〇頁　**二二〇〇円**
（二〇〇二年七月刊）

1989 年 11 月創立 1990 年 4 月創刊

月刊 機

2008
3
No. 193

発行所 株式会社 **藤原書店** ©
〒一六二―〇〇四一 東京都新宿区早稲田鶴巻町五二三
電話 〇三・五二七二・〇三〇一（代）
ＦＡＸ 〇三・五二七二・〇四五〇
◎本冊子表示の価格は消費税込の価格です。

編集兼発行人
藤原良雄
頒価 100 円

一九九五年二月二七日第三種郵便物認可 二〇〇八年三月一五日発行（毎月一回一五日発行）

高度文明社会の陥し穴を鋭く問題提起する。『新・環境学』（全三巻）発刊！

『新・環境学』とは何か

――生物の進化と適応の過程を忘れた科学技術――

市川定夫

経済性や経済効率を最優先する現代社会の陥穽とは？ 経済優先主義や利便追求の思考に基づいた科学技術の適用こそが現在の環境問題をもたらした、と十五年前に「環境学」を提唱した市川定夫は主張する。一般市民にも広く浸透しているこの主義・思考は、最も重要な視点を忘れている。それは、地球の歴史の中で永続してきた、生物の進化と適応の過程を無視している、ということである。生物がかつて遭遇したことのなかった「人工的なもの」がもつ意味をいまこそ、問い直すべき時が来ていることを、この十五年の歳月をかけて、新しい時代に向けて、深くかつ鋭く読者に提起する。

編集部

● 三月号目次 ●

高度文明社会の陥し穴を鋭く問題提起する
『新・環境学』とは何か　市川定夫　1

ゴルバチョフ論の決定版『ゴルバチョフ・ファクター』今月刊行！
ゴルバチョフの歴史的貢献　木村汎　6

「歴史学」が明かしえない、「記憶」の継承の真実
〈鼎談〉歴史と記憶　赤坂憲雄＋玉野井麻利子＋三砂ちづる　10

東アジアにいま、何が起きているのか
農業地域における内発的発展の胎動　原剛　12

「場所」の詩学――環境文学とは何か　生田省悟　14
リレー連載・今、なぜ後藤新平か 31 日露協会学校と後藤新平　小林英夫　18
リレー連載・いま「アジア」を観る 63「大アジア主義」者としての後藤新平　春山明哲　22

〈連載〉風が吹く2「神様のバランスシート」（山崎陽子）20　生きる言葉12「武田泰淳『司馬遷――史記の世界』」（粕谷一希）21　『ル・モンド』紙から世界を読む61「二〇〇八年は一九二九年ではない」（？）」（加藤晴久）23　帰林閑話160「三重」（一海知義）24　ＧＡＴＩ98（最終回）（久田博幸）25／2・4月刊案内／河上肇賞・新年会レポート／読者の声・書評日誌／刊行案内・書店様へ／告知・出版随想

経済優先主義や利便追求思考の現代社会

経済性または経済効率を最優先してきた現代社会は、科学技術の適用もその範疇で取捨選択してきたし、多くの場合、個々の時点での経済性や経済効率を最優先してきた。どちらがより経済的かという科学技術の適用こそが、現在の環境問題をもたらしたのである。同じことは、消費者としての一般市民にもあてはまる。何があるいはどちらがより安価に入手でき、より利便性に優れ、より快適なのかが、すべての尺度であった。

しかし、そうした**経済優先主義**や**利便追求思考**は、最も重要な視点を忘れ去っていた。それは、近代科学技術の適用が、恵まれた地球の自然環境の中での、ヒトを含むあらゆる**生物の進化と適応の過程**をすっかり忘れたものであったという視点である。

第一巻の第二章で簡潔に述べ、第二巻、第三巻で詳述するさまざまな問題点は、いずれも人工的なもの、つまり生物が長い進化と適応の過程でかつて遭遇したことがないものに対して、遭遇したことがないがゆえに適応を知らず、それゆえまったく対応できなかったり、進化の過程で獲得してきた自然環境に存在したものに対する優れた適応がかえって悲しい宿命となったり、誤った反応をしてしまったりして、生態系が破壊され続けてきたことを明示している。

自然環境中に存在しなかった**人工化合物**が生体内で分解も排出もされずに蓄積したり、人工化合物を生体内で有害なものに変えてしまったり、これまで安全であった元素につくり出された**人工放射性核種**が生体内で著しく濃縮されたり、さまざまな**人工的な条件が生態系を破壊**したりする例は、いずれも、私たちの科学技術というものが、生物の進化と適応の過程を忘れたものであったことを訴えている。

最新のバイオテクノロジーもまた、生物の進化と適応の過程を忘れたまま、人為的な手を加えた生物を次々と産み出しつつある。

このように、人工化合物、人工放射性核種、人工的条件、人工生物など、さまざまな人工的なものが、細胞内で**遺伝子DNAを破壊**し、個体に**性の攪乱と免疫毒性**（体内に入ったダイオキシンは、受容体たんぱくと結合して、胸腺で成熟する免疫の主体T細胞を自滅させ、バクテリアやウイルスに対する免疫能を低下させる免疫毒性をもつことが最近判明した）をもたらし、生

態系を破壊し、さらに地球規模でも環境を破壊しているのである。私たちは、生物がその進化と適応の過程でかつて遭遇したことがまったくなかったこうした**人工的なものがもつ意味**を、緊急かつ真摯に問い直す必要がある。

『環境学』から『新・環境学』へ

▲市川定夫氏

私は、一九九三年一月、藤原書店から『環境学――遺伝子破壊から地球規模の環境破壊まで』を出版した。環境学という新しい学問分野での同書は、ナノ（一〇億分の一）メートルレベルの遺伝子破壊からマクロな地球規模の環境破壊までを、初めて統一的に論じたのが好評で、翌九四年十一月には多少補追した第二版を出版した。その後、埼玉大以外に、文部省、国立大学協会、大学入試センターなどでの公務や、他大学での講義や各地での講演などで多忙に追われた私は、次々と起こっていた新しい環境問題にもかかわらず、そうした新事例も合わせて論じる新版の準備ができないまま時が過ぎた。しかし、私が九七年十二月に埼玉大学長候補に選出されたあと、翌年二月に学長候補を辞退した時点には、次年度以降の学外でのすべての公務と学内外の講義担当から外されていて、学内の講義は大半復活されたが、かなり大幅な改訂作業に着手できるようになり、九九年四月には改訂第三版を出版することができた。

二〇〇一年三月末に定年退官し、名誉教授となった私は、環境問題の深刻化や次々と起こる新しい事態に対応しようと、構想を練り始めていた。非常勤講師として埼玉大で続けることになった講義と、新設の短期留学制度で来る留学生への英語での新講義が、ともに環境問題であり、次年度からの東邦大の講義もそうで、埼玉工大でも環境関連の講義が加わり、改訂の構想を次第に固めることができた。そして、書名とその副題を『新・環境学――現代の科学技術批判』と改め、私の論点の主題を新しい副題として、読者の一人ひとりに、問題の本質をよく理解してもらえるようにした。

読者が全容を理解できるように配慮

　こうした構想での当初の私の原稿は、従来の『環境学』と同様に、分厚くても一冊として出版する形で作成していたが、藤原書店の藤原良雄氏の薦めもあって、三巻に分けて本書を出版することになり、全体の構成も大幅に変更して、本シリーズを貫く問題を明快に示すとともに、具体的な問題も理解しやすいように工夫した。

　すなわち、この第一巻には、従来の第一章の内容を先ず入れ、第二章には従来の序論の内容を入れて基本的記載とし、続いて本書第三章には、従来の終部として論じていた第八章の内容を総論的論述として、「生物の進化と適応の過程を忘れた科学技術」と明記して入れた。

　そして、続く第二、第三巻への展開を理解しやすいように、第二巻には従来の第二、第五、第六、第七章を第一から第四章として、第三巻には従来の第三、第四章を第一、第二章として、それぞれの具体的問題を論じるようにした。

　従来の『環境学』は、副題を「遺伝子破壊から地球規模の環境破壊まで」としていたように、ミクロのレベルからマクロのレベルまで、環境破壊を総体として把握する視点を提示することを重視していた。この『新・環境学』でもその重要性は変わらないが、新しい副題「現代の科学技術批判」と、第一巻のタイトル「生物の進化と適応の過程を忘れた科学技術」が示すように、そうした環境破壊の根本にある科学技術の問題を、より前面に打ち出した。それは、そうした科学技術のもたらす利便性を「恩恵」として享受している私たちの価値観そのものが、今まさに問題となっているからである。

　この『新・環境学』三巻への改訂に当たっては、新たに生じている問題や、すでに触れていた問題のその後の展開も含めて、読者の正確な理解が得られるよう、本文の総字数をできるだけ抑えつつも、どこにも説明不足が生じないよう注をかなり増やして留意した。私は、読者がこの第一巻に続いて、第二、第三巻までを読まれるならば、ますます深刻に進みつつある環境破壊をよく理解されるものと堅く信じている。そして、本書に示した問題の本質「生物の進化と適応の過程を忘れた科学技術」の姿と、それゆえにその波紋が、直接、またはその産物の消費者である一般市民をも加害者に組み込むことによって間接的に、現在の危機的な状態をもたらしている点を読者が理解さ

れることを心から願っている。私は、こうした問題の本質を理解する人が増え、二十一世紀の少しでも早い時期に、私たちの子孫が安住できる社会が実現するよう心から祈願している。（構成・編集部）

（いちかわ・さだお／埼玉大学名誉教授）

I 生物の進化と適応の過程を忘れた科学技術

第一章 生命現象とその設計図
一 さまざまな生物と生命現象
二 ＤＮＡに刻まれた遺伝情報
三 生命現象は遺伝子の働き
四 進化と適応の結果として

第二章 地球規模の環境破壊と細胞内での遺伝子破壊
一 地球規模の環境破壊
二 細胞内での遺伝子破壊
三 一般市民の加害者化

第三章 生物の進化と適応の過程を忘れた科学技術
一 人工のものへの適応を知らない
二 生命を資源視する浪費社会
三 テクノクラート社会を問う

II 地球環境／第一次産業／バイオテクノロジー

第一章 地球規模での環境破壊
一 進む地球の温暖化
二 熱帯雨林の大規模破壊
三 オゾン層の破壊
四 酸性雨と森林・湖沼の破壊

第二章 近代農業をめぐる諸問題
一 近代育種と品種の画一化
二 化学肥料と農薬への依存
三 砂漠化が進む穀倉地帯
四 国際商品化された農産物

第三章 畜産・漁業・林業の諸問題
一 汚染畜産物と家畜による砂漠化
二 漁業資源の枯渇と環境破壊
三 養殖漁業による汚染
四 単一樹林による災害

第四章 バイオテクノロジーの問題点
一 遺伝子組換え技術
二 遺伝子組換えの問題点
三 細胞融合と体細胞雑種の難点
四 胚操作と臓器移植の問題点

III 有害人工化合物／原子力

第一章 さまざまな有害人工化合物
一 変異原性と発がん性
二 氾濫する人工化合物
三 ダイオキシンの非意図的発生
四 合成洗剤の罪悪

第二章 生命と共存できない原子力
一 恐るべき原子力災害
二 放射線は微量でも危ない
三 人工放射性核種の生体濃縮
四 再処理と高レベル放射性廃棄物
五 マレーシアのトリウム廃棄物
六 無数のヒバクシャ

ゴルバチョフ論の決定版『ゴルバチョフ・ファクター』今月刊行！。

ゴルバチョフの歴史的貢献

――意図・方法・限界――

木村　汎

〝ゴルバチョフ派〟対〝エリツィン派〟

欧米――日本を含む――におけるロシア研究者は、二分される。ロシアの二人の指導者、ゴルバチョフとエリツィンを比べての評価にかんしてである。

〝ゴルバチョフ派〟は、ゴルバチョフに親近感を抱き、同書記長の貢献をことのほか高く評価する。そもそもゴルバチョフという人物がロシア政界に出現し、ペレストロイカ（立て直し）をはじめていなければ、その後にエリツィン大統領がつづくこともなかった。エリツィンの手によるラジカルな改革もありえなかった。はじめにゴルバチョフありき。極端にいえば、彼らはこう考える。

他方〝エリツィン派〟は、説く。ゴルバチョフは、所詮、共産主義の枠内でソビエト体制の立て直しを目指した人物にすぎない。同体制を根本的に改革し、ソ連邦を解体し、急進的な民主化や市場化を推進したのは、エリツィンに他ならない。ゴルバチョフは、たとえばソ連邦大統領の選出方式にかんして民意を問う勇気を欠き、そのポストに人民代議員大会を通じて自らが選ばれる方法を採った。ところがエリツィンは、ロシア共和国大統領への選出を直接選挙方式によっておこなうこととし、自身そのポストに有権者の洗礼をうけて選出された。そればかりではない。共産党の（一時）活動停止、ＫＧＢ（国家保安委員会）の分割、ソ連邦の解体を敢行したのも、エリツィンその人だった。

最初に結論をのべるならば、この〝ゴルバチョフ派〟vs〝エリツィン派〟の論争は、まだ結着がついていない。その理由は、少なくとも三つある。

まず、その統治期間中のどの時期に注目するかによって、これら両指導者の評価は変わってくる。たとえばゴルバチョフのばあい、その政権末期に当たる一九九〇～九一年にかけて彼は急速に右傾化した。このことが、彼の統治全体の価値

をいちじるしく下げる。が、ゴルバチョフがそれまでの時期におこなったことと照らし合わせると、それは一体どのくらいの減点となるのか。見る者によって、評価は変わってくる。

第二に、評価する側の要求水準や分野が異なること。例えば、ソ連/ロシアにたいしては他の何事にも増して北方領土返還を要求する日本人の立場からすると、ゴルバチョフよりもエリツィンのほうが若干得点が高い。ゴルバチョフが既に行ったことのうえにたって、エリ

▲ミハイル・ゴルバチョフ氏

ツィンはさらに一歩前進してくれたからである。一九九三年の訪日時にエリツィン大統領は、ゴルバチョフが九一年に日本側と合意したことをすべて承認した。加えて、日ロ間の領土交渉を律する三つの「公式」に合意した。今後の交渉は「歴史的・法的事実」、日ロ両外務省が作成した「合同資料集」、「法と正義」にもとづいておこなってゆくことに同意したのである。これは、日本側にとり大歓迎すべき事柄であった。

第三に、政治家の評価は棺を覆ってはじめて可能といわれるが、それでも未だ十分時を経たとはいいがたいケースがありうること。エリツィンは一昨年(二〇〇六・四・二三)に死去した。だが、エリツィン前大統領がおこなったことの最終的な評価は、彼の死亡時点においてすらまだ確定しえない。エリツィンは、プーチンという評価が分れる人物を己の後継者に指名したからである。はたして今後プーチン現大統領がロシア政界に事実上どのくらい長くとどまるのか。そして、ロシア内外政治をいったいどの方向に導いてゆくのか。このことによっても、プーチンを任命したエリツィンの責任(または功績)は大きく変わってくるであろう。

このように〝ゴルバチョフ派〟vs〝エリツィン派〟の論争の最終的結着は未だついていない。また、簡単にはつけがたい。そのことを別として、明らかなことがある。それは、本書の著者アーチー・ブラウンが〝ゴルバチョフ派〟に属する代表格、いや旗頭でさえあること。

ゴルバチョフがエリツィンに比べより一層偉大な政治家である。ただこのことを証明するためだけの目的で、もとよ

り、本書は書かれたのではない。ゴルバチョフのすべてについてバランスがとれた叙述が明解かつ平易な言葉で語られている。しかも、独創性に満ち溢れている。再読、三読に価するゴルバチョフ論の決定版となっている。刊行（一九九六年）直後から和訳が切望されたが、なにしろ大部（原文四〇六頁）であるために、誰も翻訳を試みようとせず、どの出版社も刊行を尻込みしていた。

ゴルバチョフが始め、エリツィンが引き継いだ

ゴルバチョフ、エリツィン――これら二人の両指導者がそれぞれはたした役割を、まず分かりやすく要約しよう。ゴルバチョフは、ソビエト体制改革の「創始者」だった（『ガーディアン』、二〇〇七年四月二六日紙上でのブラウン論文）。仮に一九八五年三月にソ連共産党書記長にゴルバチョフでなく、ゴルバチョフ以外の人物が就任したばあいを想定してみよう。たとえば、同じく当時政治局員だったヴィクトル・グリシン、グリゴーリー・ロマノフ、アンドレイ・グロムイコといった守旧的で旧態依然としたアパラチキ（党基幹幹部）がもしソ連のトップに選ばれていたとしたら、どうだったろう。

右の問に答えて、ロバート・レグヴォルド（コロンビア大学教授）は書く。「〔たしかに〕このような政治家たちもまた、ゴルバチョフ同様、改革を要請する国の内外からの圧力に直面していたかもしれない。それにもかかわらず、おそらく彼らはなにごとも学習しようとしなかったことだろう。彼らもまた、ゴルバチョフが実際におこなったと同一の反応をしめしたと結論しうる保障は、どこにもないのだ」。政治の世界では、指導者間に存在する個人差がはたす役割はそれほどまでに大きい。レグヴォルドはそう力説するのである。ソ連の社会学者のタチヤナ・ザスラフスカヤ女史も後に述懐している。「もしゴルバチョフが一九八五年に政治局の長になっていなかったならば、当時ロシアに存在していたものの半分は、その後十数年間にわたってそのままの状態でおそらく続いていたことだろう」。

では他方、エリツィンの貢献は、どの点にあるのか。ゴルバチョフによって実質的に「既に決定され、生み出されていた民主化過程の突破口《ブレークスルー》」（『世界を変えた七年』）を追認し、続行した。この点に、エリツィンの貢献が求められる。両指導者についての右のような一般的評価をブラウン自身は、具体例を引いて説明する。

たとえば、共産主義体制を破壊したこと。ブラウンによれば、「すでにゴルバチョフ時代の一九八九年に、ソ連はソヴィエト型共産主義体制であることを止めていた。〔つまり〕九一年八月のクーデター後にエリツィンがソ連共産党の活動の禁止令を出す以前の時期においてである」。

またたとえば、ソ連邦の解体。これをプーチン現大統領は「二〇世紀最大の地政学的な惨事《カタストロフィー》」と呼んだが、今しばしその善し悪しを横におくことにしよう。

▲著者アーチー・ブラウン氏

通説は、ゴルバチョフが「新連邦条約」という中途半端な提案をおこなったことを批判する。同条約は、モスクワ中央政府から多くの政権を各共和国へ移譲する。その代償と引き換えにして、連邦制の存続を承認させることを目的とする、一種の妥協案であった。この通説にたいしても、ブラウンは反論を試みる。エリツィンなどスラブ系三共和国（ロシア、ウクライナ、ベラルーシ）の三首脳が九一年一二月にベロヴェーシの森に集まってソ連邦解体を宣言した時、ましてや九一年一二月にソビエト国旗がクレムリンから降ろされた時――これら以前の段階で、ソ連は共産主義体制であることをすでに止めていた。すなわち、右のスラブ系三首脳は、ゴルバチョフ時代にすでに実際に発生していたものを、公的に追認したにすぎないのだ、と。（後略）

（構成・編集部）

（きむら・ひろし／北海道大学名誉教授・拓殖大学客員教授）

■著者紹介■

アーチー・ブラウン(Archie Brown)

一九三八年生まれ。イギリスにおけるソ連・ロシア研究の泰斗。ロンドン・スクール・オブ・エコノミクス(LSE)に学ぶ。一九七一年から三四年間、英オックスフォード大学のセント・アントニーズ・カレッジで政治学を講じる。現在、同大学の名誉教授。著書に *The Soviet Union Since the Fall of Khrushchev*, 1975, 2nd ed.,1978, Macmillan(共著), *Political Culture and Political Change in Communist States*, 1977, Macmillan(共著), *Soviet Policy for the 1980s*, 1982, Macmillan(共著), *Seven Years that Changed the World: Perestroika in Perspective*, 2007, Oxford University Press などがある。

「歴史学」が明かしえない、「記憶」の継承の真実。

〈鼎談〉歴史と記憶

赤坂憲雄
玉野井麻利子
三砂ちづる

聞き書きの一回性

赤坂　聞き書きというのは一回性のものだと思います。同じ人が訪ねても、はじめて聞いたときと、二回目、三回目は変わってきますし、まさに関係性が凝縮された形で現れてくるということは、確実だろうと思います。（山形県の最上地方のあるムラを）二度目に訪ねたときであったか、帰り際に、相手の女性がぼくの背中に向かって、「これで私たちの歴史が残ります」と言われたんです。たしかにそのままの言葉です。背中がゾクゾクしましたね。何を託されていたのか。「歴史と記憶」といったテーマで語るときに、ぼくのなかに浮かんでくるのは、あの言葉です。何を託されたのか、それにたいして何ができるのか、といったことを考えてしまう。

玉野井　私の場合、もちろん私との関係性で聞き書きをしたので、「満洲」のことばかり聞いたのです。そのためか、聞き書きの内容も断片的であると同時に多様です。私の方に、一体何があったのか、それを知りたい、ということもありましたし……。

おそらく被害・加害というものも、何にたいする被害で、何にたいする加害なのかというところが、日本は負けたから満洲移民は被害者になったという、そういう単純な構図があるけれども、加害者はひとつではないし、被害者もひとつではくくれない。だからこそ、本当に多様な記憶が出てきて、いろんな声がいっしょになって聞いたというのが、私自身の経験かと思います。そうした記憶を積み上げているうちに、なんだか自分でもわからなくなったような、そういう状況が何度か聞き書きの途中にあったような気がします。

赤坂　彼女が「これで私たちの歴史が残ります」といったときの「歴史」というのは、巷で語られている満蒙開拓の歴史みたいなものにたいする、ひそかな批判があったんじゃないかと思います。もしかす

ると、ぼくの聞き書きは朝日新聞の山形版に載りましたから、何か問題が起こっていたかもしれません。それを覚悟しての語りであったかと思います。たしかに、加害と被害というのはひとつの軸にすぎないいんですが、あの人たちは流布している言説にたいして、加害の記憶をきちんと引き受けて、戦後を生きてきた自分たちの「歴史」を示したかったのかもしれないと、後になって感じています。

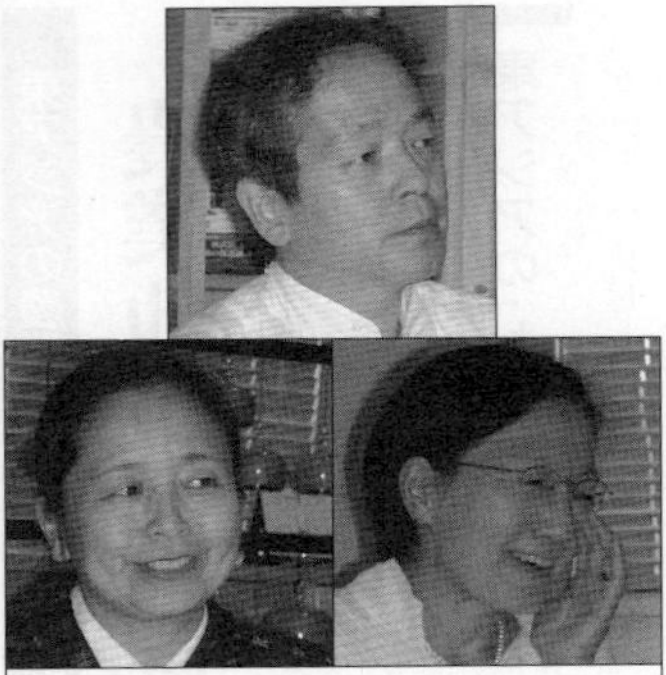

▲赤坂（上）、玉野井（右）、三砂（左）

記憶を託すということ

三砂　一人の人が生きていたということは、その人の覚えていることをだれかに託すということでしか残らないわけですね。女性の話を今までたくさん聞いてきましたが、だれにも語れないことというものを、女の人は誰でもたくさん抱えて生きている、と感じます。たとえば、妊娠中絶のことが聞きたいとか、お産のことが聞きたいとか、いうわけですけれども、そういうことは、本当ならだれにも言いたくないことが多いでしょう。ただ、女の人というのは、自分の産んだ子供のこととか、自分が妊娠したことは、忘れないのですね。絶対に忘れない。その子供が生まれようが生まれまいが、自分が生きているあいだは自分の記憶にあるから、その子たちは何らかの形で自分とともに残っている、でも、自分が忘れてしまったら、その子も死んでしまう。そういうふうに思っている人はたくさんおられます。女の人とともに蓄積されていく歴史、とでもいいましょうか。それがなんらかのきっかけがあって、語ることができたときに、さっき、赤坂さんが言われたのとちょっと似ているような反応、これで自分だけが覚えているものを、ひとにも覚えていてもらうことができた、という安堵もあるのではないでしょうか。

（構成・編集部）

（あかさか・のりお／民俗学）
（たまのい・まりこ／文化人類学）
（みさご・ちづる／疫学）

東アジアの農業と農村にいま、何が起きているのか

農業地域における内発的発展の胎動

原　剛

東アジアの「もう一つの道」

「グローバリゼーション下の東アジアの農業と農村」、すなわち日本、中国、韓国、台湾の農業セクターに何が起きているか。また農業、農村の持続可能な発展の在り方をどのように構想するのか。

二つの課題を共有して始めたこの国際研究は、政治、経済体制の違いを超えて東アジアの農業、農村が同様の共通する問題に直面していることを明らかにした。同時に、苦境を打開するのに農業地域が「内発的な発展」(endogenous development) を持続可能な社会発展を指向するもう一つの道 (alternative way) として実践している現状を紹介している。

それらの例に共通していることは、独自の風土に培われた農業地域に伝統的な農法と農産物、その加工技術と商品、それらを可能とする自然環境、人間環境、文化環境からなる広義の「環境」資源を再評価し、地域存続の手がかりをつかもうとする試みである。

しかし、どの国・地域の政府もグローバリゼーションによって工業化、都市化をさらに加速する政策を主柱とし、そこから生ずる負の社会現象を、グローバリゼーションに随伴する過渡的な影響と見なし、克服が可能な問題であると考えている。

その主要な政策の一つとして農業、農村地域の多面的機能を、公共財・外部経済として前面に押し出し、多面的な機能を維持供給するための費用を農産物の消費者、多面的な機能の享受者に直接求めるか、納税者に転嫁しようと画策している。

このようにＷＴＯ自由貿易体制化で、今、東アジアの農業が構造的に直面している共通の課題と政策が、第一部の日、中、韓、台の五人の論者によって明らかにされている。さらに、農業地域における内発的発展の具体的な事例が日、中、韓、台の四人の論者により現場から報告されている。

それぞれの論が記述しているとおり、地域に根ざした独自の内発的な発展の試みが、他方で政府の農政によって支援されていることに注目したい。そのいずれの政府もＷＴＯに加盟し、自由貿易を主策として工業化を強力に進めている。同時に生産性の格差から自由貿易の不利を蒙りがちな農業分野に、工業化・自由貿易で得た利益を、例えば食料安全保障や多面的機能維持のため分配せざるを得ない状況が、次第に明らかになりつつある。

グローバリゼーションがもたらす資本主義経済の矛盾

国際分業こそ資源の最適利用であり、社会厚生を最大化する方法である、とする経済学の理論は、農業、農村地域から提起された、おそらくは、市場経済での貨幣による交換価値に馴染むことなく、計量化することすら困難なこの厄介な農的関係価値とどう向き合うのだろうか。不安域から警戒域に入り、破局域すら視野に入れざるを得ない、食糧の生産を規定する地球温暖化への人々の意識の変化も注目すべき要因となろう。

経済のグローバリゼーションの徹底を追求すればするほど、資本主義経済の自己矛盾、すなわち経済社会が拠って立つ基盤の脆弱化に直面することにならないか。注目すべきは東アジアのどの国、地域もヨーロッパ共同体（ＥＵ）の条件不利地域における直接所得補償方式（de-coupling）か、類似の政策を既に農業政策に導入していることである。

今日、世界的な異常気象、食料価格の高騰、ＢＳＥなど新感染症や食品汚染の流行などにより、安全な食料の持続的供給、それを支える農業・農村・地域産業の健全な発展に再び人々の関心は高まっている。農政は今までの農産物の生産奨励策から、農村への総合的な地域社会政策そのものへ転換せざるを得ない。グローバリゼーションはこの状況をさらに露呈させ、地域に不安要因をもたらし、同時に東アジアの農政に質的な改革を強いることになろう。その中で、この転換の主体的な担い手としての農村や地域の自律的な自己改革――内発的発展の道――が可能であり、その胎動が日本を始め東アジアで始まっている。

（構成・編集部）

（はら・たけし／プロジェクト主任・早稲田大学アジア太平洋研究科教授）

〝環境文学〟というまなざしから、自然と人間の新しい関係が始まる！

「場所」の詩学

――環境文学とは何か――

生田省悟

感情と結びつく観察記録

古代ギリシャから続くヨーロッパの博物誌（Natural History）は、自然学研究の担い手として、十八世紀に黄金時代を迎えた。「観察」を機軸とするその手法が多くの知見をもたらしてきたのも周知のことがらである。ところで、不朽の名作とされるギルバート・ホワイトの『セルボーンの博物誌』（一七八九年）には、次のような一節がある。

ツバメの類はまったく無邪気で、害のない、心楽しませてくれる、社交的で、有益な鳥の一族です。私たちの果樹園の果実には手を出しません。一種を除けば、すべてが私たちの家になついてくれます。渡りによって、歌によって、目を見張るほどの敏捷さによって、私たちを歓ばせてくれます。また、私たちの庭からブユや他のやっかいな虫たちといった煩わしさの種を取り除いたりもします。

たたみかけるような形容詞の列挙ではじまる記述。そこに窺われる感情移入への傾斜をどう受け取るべきだろうか。博物誌が旨とするはずの客観性から逸脱したものとみなすのか。あるいはむしろ、このイギリスの牧師補による観察と記述の様態に何らかの価値を認めればよいのか。ただ、「ツバメ」と「私たち」がセルボーンという小村でそれぞれの位置を占めながら密接に関わり合っていること、そして筆者ホワイトがそれを自らの生に不可欠な歓びの源泉として いたことだけは容易に想像されよう。

いずれにしても、この種の記述がちりばめられた『セルボーンの博物誌』は自然界をめぐる精緻な観察の記録のみで終わってはいない。この著作の意義とは、博物誌の知見が個人の感情と直接結びつきうるものとして捉えられているとの一点につきる。

「ツバメ」に注がれた愛情からは、観察者と自然との間に現出した麗しい関

係性の瞬間さえ読み取ることができる。

人間は自然とどう関わってきたか

今日のネイチャーライティングあるいは環境文学（Environmental Literature）が、その起点をホワイトに求めようとするのは決して理由のないことではない。環境の時代と言われる現在、絶え間なく報告される自然環境の危機に直面するさなか、技術の進展に打開策を求めるとの動きがある一方、より根幹に迫り、私たち自身の価値観や生活様式の変更を要請すべきといった主張も見受けられる。

▲エデンの園

文学もまた、こうした環境意識の高まりと決して無縁の領域ではありえない。人間がいかに自然を受けとめ、どのように自然と関わってきたのかを真摯に再考し、新たな関係性の可能性を模索する試みが一九八〇年代ごろ、とりわけアメリカで顕著になってゆく。

その具体的な現われこそ、環境をめぐる想像力と言語表象行為を通じて人間と自然の関係性のありよう、ひいては環境を前景化し、主題とするジャンル、すなわちネイチャーライティング／環境文学にほかならない。なお、アメリカから発信された当初は、エッセイやノンフィクションを指す「ネイチャーライティング」なる呼称がもっぱらであったが、現在では、詩、小説など、その他の表現形式を含めた「環境文学」が一般に用いられている。

現代における困難さ

ホワイトにおける自然へのまなざしと感情が人間と自然の関係性の古典的モデルであるにしても、それを、もはや牧歌的な世界とは言えない今日の状況にそっくり当てはめてみるのは不可能に近い。自然を語ったり想像力を働かせたりする行為は、現代ではきわめて困難な営みとなっているからだ。

社会経済活動の影響、科学的知見あるいはエコロジー思想の浸透など、環境をめぐってありとあらゆる言説が錯綜している現実や、さらにはそれらに対する批判的な検証を視野に入れることが要求されるのである。

こうした現況にあって、あえて文学研究の視点から「環境」を追求することを目的に創設されたのが「文学・環境学会」ASLE《アズリー》（The Association for the Study of Literature and Environment）である。この研究組織はまず、世界に先駆けて一九九二年にアメリカで結成されたのち、日本では一九九四年に、韓国では二〇〇〇年にそれぞれ誕生している。

そして、世界の各地で活動を遂行する過程で、環境文学研究の理論や方法を構築するとともに、既存の文学作品を「環境」の観点から読み直し、再評価を試みる作業にも着手している。

「場所」に対する視覚

このように、環境文学研究はアメリカから発信され、その成果に影響を受けながら日本や韓国でも活動が展開されているのが現状である。ただ、東アジアに生きる私たちは無批判にアメリカ由来の理論や方法を受け入れてきたのではない。

とりわけ、私たちが留意し続けているのは、環境文学の立脚点とも言うべき人間と自然の関係性、そして場所の問題である。人間と自然という設定それ自体は即座に納得がゆくものと思われるかもしれないが、「人間」とは何を指示するのであろうか。決して抽象的存在などではなく、特定の場所に生き、考え、感じるといった要素まで含めなければならないだろう。

「自然」についても然りである。「自然」が場所ごとに固有の姿を帯びて立ち現われ、固有のものとして概念化されている、と考えてみてはどうか。そのとき、人間と自然の交渉を成立させる基盤であり、その関係が織りなされてきた歴史や文化が蓄積される地点としての「場所」が重要な意義を帯びてくる。

極論するならば、「環境」とは「場所」であると言えるのかもしれない。そして、環境文学の営み、言語表象行為の着想と様態も「場所」が孕む多義性と決して無縁であるはずがない。

だとすれば、「場所」に対する視覚を獲得することが、環境文学研究の深化と発展につながるであろうし、異なる文化間の相互理解を育むであろう。

（いくた・しょうご／金沢大学教授）

報告
第三回「河上肇賞」授賞式

▲受賞した両氏を囲んで

経済学者・河上肇の歿六十周年を記念して一昨年に誕生した「河上肇賞」。第三回目となる本年度の授賞式が一月二六日、東京のアルカディア市ケ谷（私学会館）にて開催された。

第一回は本賞・奨励賞各一点、第二回は奨励賞一点が単行本として刊行され、いずれも好評を博している。今回は選考委員が一新され、新進気鋭の学者が名を連ねた。

本年は残念ながら本賞該当作はなく、丹野さきら氏「真珠採りの詩、高群逸枝の夢」と松尾匡氏「商人道！」両作品への奨励賞授与となった。丹野さきら氏は「研究の新たな出発点であり喜びとプレッシャーとが相半ばする心境」、松尾匡氏は「平和を尊ぶ商人道の精神を私達は継承していかなければならない、という思いで書いた」とそれぞれ授賞の言葉を述べた。

選考の経過と講評は、『環』第32号に掲載している。（記・編集部）

報告
二〇〇八年新年会

上記授賞式後、小社の新年会が開催された。本年は熊倉直樹氏の琉球民謡で幕を開け、司会はNHKラジオセンターの木村知義氏が務めた。店主の藤原は開会挨拶で、出版不況が叫ばれて久しい中、ますます出版の質に磨きをかけていく決意を示した。

ひき続き、ご出席の方々にお言葉をいただいた。小倉和夫氏は「逆風を利用して前に進んで欲しい」とエールを送った。山崎陽子氏は朗読ミュージカルでの店主との出会いのエピソードを紹介した。粕谷一希氏は活字文化とITが共存する時代、活字でなければならないものがあると指摘した。一海知義氏は世の中に警鐘を鳴らす出版活動への期待をユーモアを交えて話した。その後、ジュンク堂書店専務取締役営業本部長の岡充孝氏が乾杯の発声を行った。

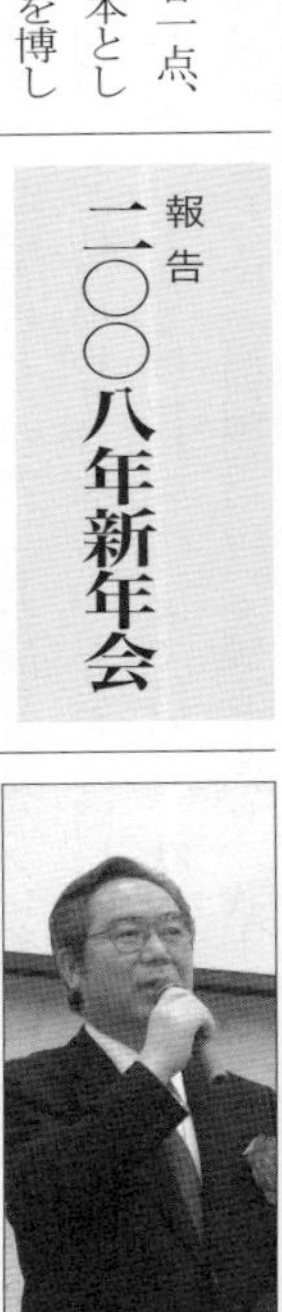

中盤には音楽家の海勢頭豊氏の演奏と歌が場を盛り上げ、氏は琉球への思いも熱く語った。また、突然の誘いにより店主・藤原が「さとうきびの花」の歌を披露するというサプライズもあった。

百二十人超の方々にご出席頂き、今後も期待に応える出版活動を続ける気持ちを新たにした。

（記・編集部）

リレー連載　今、なぜ後藤新平か　31

日露協会学校と後藤新平

早稲田大学大学院アジア太平洋研究科教授
小林英夫

実務主義を貫く

後藤新平が優れた政治家として評価される点は数多いが、そのなかの一つに彼の教育への取組みがある。彼が人材育成に力を注いだことはよく知られた事実だが、満鉄総裁時代の一九〇七年から〇八年以降特に積極的に活動し、多くの学校を設立している。代表的な事例の一つがハルビンに設立された日露協会学校だ。この学校は、一九二〇年から本格的に活動を開始し、満洲国成立後はハルビン学院と名称を変更して運営された。一九〇一年に上海で活動した東亜同文書院と並ぶ海外のエリート校である。前者が日露架け橋の人材の育成を目的に設立されたとすれば、後者は日中の架け橋を目的に設立された。

両者に共通するのは、各道府県で厳しい選抜基準で選ばれた優秀な公費支給生に対して語学主体の現地密着型の実地教育を実施した点である。三学年制の日露協会学校の第一学年の週間プログラムを見れば、三六時間のうち半分の一八時間がロシア語の授業で、進級するとロシア史、ロシアの商習慣がこれに加わり、最終年度にはこれらがロシア語で行われたという（芳地隆之『ハルビン学院と満洲国』）。

後藤の精神を踏襲したと思われるこのプログラムは、徹底した現地主義で貫かれている。そして、その精神は、抽象的な理論ではなく、具体的な実務主義でこれまた貫かれているのである。ここに後藤の一つの考え方が反映している。かつて、彼が児玉源太郎に請われて台湾の民政局長（長官）に就任した際、それまでの法律関係の行政官を実務中心のスタッフに大幅入れ替えしたという。また彼は、満鉄総裁に就任した際に、岡松参太郎の理事就任を貫き通したという。岡松は、後藤が台湾民政長官時代に彼の施政の基礎をなす台湾旧慣調査の責任者の一人である。後藤は満鉄経営に際しても、岡松を最も重要なブレインの一人と考えたのであろう。岡松は、単なる象牙の塔の学者ではなく、欧米のシンクタンクの実情を調査したり、我国にゼミナール形式の

授業方式を導入するなど、実践型の学者だった。

個性豊かな卒業生たち

こうした後藤の精神を体現した日露協会学校、後のハルビン学院の生徒は各道府県選抜の優秀生だったが、にもかかわらずというべきか、それゆえというべきか、個性派を数多く輩出した。つまらぬ授業はボイコットし、それが拡大すれば全学ストライキへと発展することも珍しくなかった。ここを中退して満鉄調査部に入り、帝大卒がひしめく満鉄調査部の中で活躍した人物の小泉吉雄もその一人だ。彼は、ハルビン学院時代にストライキに参加し、退学となった後、満鉄調査部入りをしている。持ち前の優秀さが認められて、満鉄経済調査会で国策立案にたずさわり、後に企画院に出向、帝大出の毛里英於菟、切れ者の関東軍参謀秋永月三らとともに国策立案の中枢入りを果たしている。もっとも一九四二年九月におきた満鉄調査部事件で検挙されて入獄、四五年五月に有罪判決を受けている。

▲満鉄総裁時代の後藤新平

日露協会学校を出たもう一人の人物を挙げるとすれば、卒業後外務省に入省し、リトアニアのカナウス日本領事時代の一九三九年、ナチスの迫害を受けたユダヤ人に大量のビザを発給し、その数六千人にのぼるユダヤ人を救済したとされる杉原千畝である（中国新聞社社会部『自由への逃亡――杉原ビザとユダヤ人』）。彼は一九一八年早稲田大学高等師範部予科入学。翌年日露協会学校に入り、ここでロシア語を習得、二三年同校卒業後外務省入りし、満州国外務官僚を経て、日本外務省へ復帰、前述したカナウス領事などを歴任している。彼なども後藤の精神である実務主義をベースに枠にとらわれぬ豊かな発想をもって奔放に生きた個性派の一人だったのではないだろうか。

（こばやし・ひでお）

連載　風が吹く　2

神様のバランスシート

山崎陽子

娘を持つ父親の殆どがそうであるように、私の父も娘を溺愛した。傍から見れば何ほどのこともない娘なのに、あろうことか純粋培養したいと思ったらしく「男は汚らわしい」「男は狼」などと呪文のように繰り返し、娘から男を遠ざけた。兄の友人でさえ、手紙など渡そうものなら、お出入り禁止という始末だ。

中学生の頃、子供劇団から「リア王」に出ないかと誘われたことがある。主宰の青年が親の許可を求めに来たときの、父の剣幕は凄まじかった。

「男と芝居などもってのほかだ」

「別にラブシーンなんかありません。リア王の末娘のコーデリアの役ですから」

「いかん！　リア王が、死んだコーデリアを抱いて嵐の中をさまよう場面があるじゃないか。断じて許さん。帰りなさい！」

そんな父のせいで、ボーイフレンド皆無の青春を過ごしたが、父と兄が私にとっては理想の男性であり、何の痛痒も感じなかった。女子だけの小、中、高校、そして宝塚と、女ばかりの環境に身を置き、初めての見合いで結婚したのだから、父の望みはメデタク成就したのである。

ところで私は、神様のバランスシートを信じている。どんな人の一生も、最期に振り返ってみれば、幸不幸、喜び悲しみ、辛さ愉しみ……全てバランスがとれているに違いないと。

一生の間に喋る量も決まっているから、私のように子供のころ無口だった者は〝残量をこなすため〟に早口饒舌にならざるをえないのだろう。

一生に出会う異性の数も然りだとしたら、私などチャンスはたっぷり残されている計算になる……確かに、結婚十年たって童話を書き始めてから、遅かったぶん精選された男性たちに出会うことになった。年齢がやや高いのはやむをえないし、もはや天国に移籍された方も多いが、その後の私の人生に大きな影響を与えた数々の出会い、優しく温かく、素敵で可笑しかった人々との思い出を綴っていきたいと思っている。

（やまざき・ようこ／童話作家）

■連載・生きる言葉　12

武田泰淳『司馬遷——史記の世界』

粕谷一希

司馬遷は生き恥さらした男である。士人として普通なら生きながらえる筈のない場合に、この男は生き残った。口惜しい、残念至極、情けなや、進退谷《きわ》まった、と知りながら、おめおめと生きていた。

（冒頭の三行）

この有名な書き出しは武田泰淳を知る者はすべて暗記していた文章である。そして泰淳自身も、この文章を越える作品を書けなかった、とは一般的評価である。また某氏が指摘したように、戦時下の初版本には戦争讃美、戦争協力の文言があり、戦後、その文言が削除されたことも事実であろう。

しかし、昭和一七年、戦争が苛烈になってゆく最中、司馬遷と面と向って相対し、「考証や研究ではなく、自らの精神を試してみたい」と考えた青年がいたことはまぎれもない。中島敦の「李陵」もたしか昭和一七年に『文學界』に発表されている。司馬遷は李陵将軍をかばって宮刑に処せられた。司馬遷と李陵は史記を介して表裏を成す。日本軍が誇大妄想に駆られて、大陸で絶望的行動を繰り返していた時期に、中国文明の根幹にある「史記」の世界と相対していた二人の青年が存在したことは、日本人はもっと考えてみる必要があるし、中国人に対しても誇ってよい事柄であると思う。

武田泰淳は「ひかりごけ」「風媒花」の作家として印象づけられ、やがて「貴族の階段」、「森と湖のまつり」で政治の中枢や少数民族アイヌの悲劇を活劇調で描いたが、やはり「史記の世界」に及ばない。

しかし、武田泰淳は作品より存在の方が偉大であったように思う。戦時中に傷つかなかった左翼の人々も、戦後史のイデオロギー闘争のなかで、多くの人々が傷ついていった。旧友竹内好もまた魯迅の延長上に、毛沢東を理想化しすぎたために、歴史に裏切られる後半生を送った。丸山眞男も沈黙した。武田泰淳はこうした旧友たちより、自由で快活に生きたのである。第一次戦後派の雄として、大岡昇平と共に記憶されてよい。

（かすや・かずき／評論家）

リレー連載　いま「アジア」を観る 63

「大アジア主義」者としての後藤新平

春山明哲

日露戦争後の一九〇七（明治四〇）年、満鉄総裁の後藤新平が韓国統監の伊藤博文と交わした「厳島夜話」は、日本の世界戦略としての「新旧大陸対峙論」が登場することで知られている。しかし、後藤が提示した第一策が「大アジア主義」であったことはあまり注目されていないようである。後藤が大アジア主義を持ち出した途端、「欧米の黄禍論」を誘発するとして伊藤がこれに反論したため、「公と私とは、大アジア主義の主義利害に関して、意外の激論を闘わせることになった」のである（鶴見祐輔『〈決定版〉正伝　後藤新平　四　満鉄時代』）。

一九一四（大正三）年の講演『日本植民政策一斑』では有名な「文装的武備論」が登場する。奇妙なことに後藤は「支那四川省より」入手した『大亜細亜主義』という文献を参考資料として配布している。さらに、台湾統治論の集大成というべき『日本植民論』では「アジアはアジア人のアジアなり」という「大アジア主義の理想」を実現しなくてはならない、と主張しているのだ。

ここで後藤新平は「大アジア主義」者であったという〈仮説A〉を設定してみる（と直ちに竹内好が提起した「定義問題」を引き起こすのだが、いまは立入らない）。

では後藤のアジア主義の来歴はなにか。そのひとつは彼の「台湾経験」にあった。台湾で後藤は「中国」を発見し、人類史のパノラマを見たのである。後藤の「大アジア主義」は、台湾・中国（満鉄）・日本という三つの定点から彼の「遠眼鏡」を通して世界を観たことに由来する。これを〈仮説B〉としてみよう。

〈仮説A・B〉によって現在の日本の「アジア戦略論」を観ると、「台湾」というファクターがほぼ欠落していることに気づく。北朝鮮の核をめぐる六カ国協議をはじめとして、台湾が東アジア国際関係のアクターとして参加することは稀である。立法委員・総統選挙という台湾政治の帰趨に視野を限ることなく、アジアの観測定点として台湾を位置付ける「大アジア主義」も必要ではなかろうか。

（はるやま・めいてつ／日本近代史・台湾史）

Le Monde

■連載・『ル・モンド』紙から世界を読む　61

「二〇〇八年は一九二九年ではない」（？）

加藤晴久

二〇〇三年にベストセラー *La France qui tombe*『落ちるフランス』でフランスの凋落ぶりを記述して déclinisme「没落主義」とか déclinologie「没落学」という新語が生まれるきっかけをつくったニコラ・バヴレーズ（一九六二年生まれ）はエコル・ノルマル、国立行政学院出身、元高級官僚の超エリート。ネオ・リベラリズム派を代表する経済学者、歴史家として名を馳せている。

そのバヴレーズが一月九日付『ル・モンド』に寄稿した「二〇〇八年は一九二九年ではない」と題する論評で世界経済を展望している。

サブプライム問題に端を発した危機は多角的でグローバル、また構造的かつ持続的。二〇〇八年はそのショックをまともに受け、銀行の貸し渋り、リスク費用の高騰、米国はもちろん英国、スペインの不動産価格の下落、企業と世帯の連鎖的破産、世界総生産・先進諸国の国内総生産の大幅な低落に見舞われるだろう。

だが、二〇〇八年は大恐慌の一九二九年とはちがう。経済の重心が北から南に移動しつつある。新興国（ブラジル、ロシア、インド、中国など）が労働、生産の分野で牽引力を発揮している。今後は内需拡大の方向に向かうであろうし、すでに始まっているが、潤沢な貿易黒字を世界金融システムの再保険に振り向けるであろう。さらに、先進諸国とEUの中央銀行も銀行流動性規制と金利引き下げを中心にした協調行動をとるだろう。

「没落主義者」にしては楽観的なご託宣だが、その舌の根の乾かぬうちに、「世界株式市場、危機に突入」「新興国もサブプライムに抵抗不能」などという見出しが『ル・モンド』の紙面に踊る事態になった（一・二三付）。二月九日に東京で開催されたG7もなんの「協調行動」も打ち出せぬままに終わった（二・一〇／一一付）。

経済はもっとも人間的な営み。それを論じるとなれば「幾何学の精神」はもちろんだが、それにもまして「繊細の精神」が必要なのでは。東谷暁氏の『エコノミストは信用できるか』（文春新書）はフランスのエコノミストにも妥当するようだ。

（かとう・はるひさ／東京大学名誉教授）

連載

帰林閑話 160

三重

一海知義

私の父は、三重県三重郡三重村の出身である。

小学生のとき初めて聞いて、「ホンマカイナ」と思った。

「三重《みえ》」が三つ重《かさ》なっていて、いわば「三重《さんじゅう》」の「三重《みえ》」である。

うまく出来すぎていて、冗談かと思ったが、のちに戸籍謄本を調べて、間違いないことを知った。

ところで三重県の三重という名称は、明治維新、廃藩置県のとき、私の祖父の建議で決まったという、それこそ「ホンマカイナ」と思う話がある。

その話を伝えるのは、私の従兄（父の兄の長男、元大阪府立医大教授）で、「（大阪）北浜四丁目の事ども」と題して、『船場通信』（第三号、一九七二年一月）という冊子に、短いエッセイを書いている。

「元来は三重県三重郡三重村の出で、代々庄屋を務めていました。祖父の自慢話に三重県の名付け親は自分だと言っていましたが、それは古事記に載っている日本 武 尊《やまとたけるのみこと》が蝦夷《えぞ》征定後の件《くだり》で」

として、従兄は『古事記』（中つ巻）の次の一文を引く。

「そこ（尾津の崎、三重県桑名郡多度村）より幸《いでま》して、三重の村に到りましし時に、また詔《の》らししく『あが足は、三重《みえ》の勾《まがり》のごとくして、いと疲れたり』。かれ、そこを号《なづ》けて三重といふ」。

このあと日本武尊は鈴鹿《すずか》山脈のあたりに出て、あの有名な歌をのこしている。

倭《やまと》は国のまほろば
たたなづく青垣山隠《やまごも》れる
倭しうるはし

従兄は先の引用のあと、つづけていう。

「つまり日本武尊が疲れて足が三重に曲がったのです。……その古事から是非三重県と命名して欲しいと建議書を出したと言うのです」。

「三重の勾《まがり》」とは、ねじり曲げて三つ重《がさ》ねにした餅のことだという。

昨年問題を起した「赤福」の本社も、三重県にあった。餅にゆかりの県である。

（いっかい・ともよし／神戸大学名誉教授）

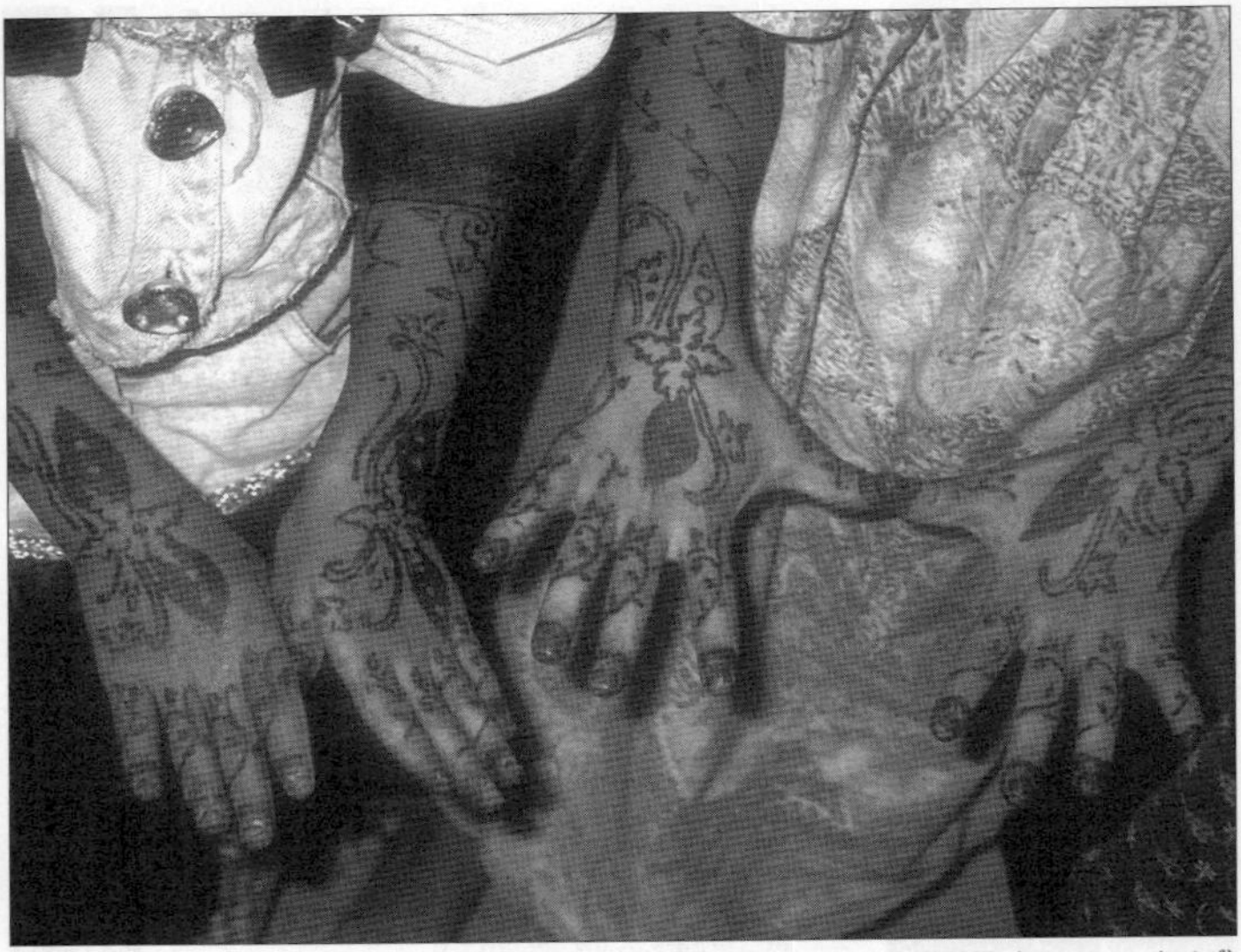

（少女たちの手や腕に描かれるヘンナの伝統的紋様／イエメン、タイズ）

連載・GATI 98 （最終回）

ジン（魔）を迎え撃つ「ヘンナ」の力

――インドからアフリカまで広汎に使われている植物染料／「魔除け」考❹――

久田博幸
（スピリチュアル・フォトグラファー）

古来、世界の「魔」の最たるものに「邪視《じやし》」がある。生活空間に潜《ひそ》む「魔（悪霊）」を如何に跳ね返すか、或いは封じ込めるかは大きな問題であった。例えば、イスラーム以前から、アラブ遊牧民にとっての超自然的な「魔」の代表格は「ジン」である。その正体は「目に見えず、触れ得ないもの」。ジンは多彩で驢馬《ロバ》・亀・蛙・蛇などに自在に変身する。

アラビヤ医術では痛風の薬草ヘンナ（和名は指甲花《しこうか》）が魔《ジン》除けに効力があるという。ヘンナにはジンが嫌うバラカ（神の恩寵と魔除けの霊力）が宿るといわれ、女性は手足に模様を描いて化粧（除魔）をする。

かの『千夜一夜物語《アラビアン・ナイト》』のアラジンがランプを擦《こす》ると出てくる召使い（妖怪）もジンである。煙の出ない焔《ほのお》から創られるジンには、凶悪で人肉を好むグールや魔女グーラ、巨体のイフリート、さらには美男子を誘惑する美貌の女性ジンニーヤなど善玉も悪玉もいる。迷信と侮る勿《なか》れ。時に人混みで肩をぶつけた相手が魔《ジン》かも知れないというから呉々もご用心。

九年に亘るご愛読に感謝しつつ、さらなる邂逅《であい》を求める「道《ガティ》」の旅へ新たな歩を進める。

二月新刊

文明の「衝突」か、「接近」か。

文明の接近

「イスラームvs西洋」の虚構

E・トッド＋Y・クルバージュ

石崎晴己訳・解説

「米国は世界を必要としているが、世界は米国を必要としていない」と喝破し、現在のイラク情勢を予見した世界的大ベストセラー『帝国以後』の続編。欧米のイスラーム脅威論の虚構を暴き、独自の人口学的手法により、イスラーム圏の現実と多様性に迫った画期的分析！

四六上製　三〇四頁　二九四〇円

ロシア全史を振り返り、行方を探る

未完のロシア

十世紀から今日まで

H・カレール＝ダンコース

谷口侑訳

ロシアは消滅するのか、生き延びるのか？　ソ連邦崩壊を十年以上前に予見した著者が、十世紀から現代に至るロシア史を鮮やかに再定位し、「ソ連」という異物によって断絶された近代化への潮流と、ソ連崩壊後のその復活の意味を問う。プーチン以降の針路を見通す必読文献。

四六上製　三〇四頁　三三六〇円

〝多言語空間〟としての満洲

満洲　交錯する歴史

玉野井麻利子編　山本武利監訳

日本人、漢人、朝鮮人、ユダヤ人、ポーランド人、ロシア人、日系米国人など、様々な民族と国籍の人びとによって経験された〝満洲〟とは何だったのか。世界の研究者らが、多言語的、前＝国家的、そして超＝国家的空間としての〝満洲〟に迫る！

四六上製　三五二頁　三四六五円

「歴史は復活である」（ミシュレ）

死の歴史学

ミシュレ『フランス史』を読む

真野倫平

フランス近代歴史学の礎を築いたミシュレ『フランス史』を、人物を単位に時代を描くその手法に着想を得、いくつもの〝死の物語〟が織りなすテクストとして読み解く、斬新な試み。

四六上製　五三六頁　五〇四〇円

日本思想の根本は、助詞「は」にある。

日本語と日本思想

本居宣長・西田幾多郎・三上章・柄谷行人

浅利誠

本居宣長、西田幾多郎、三上章、柄谷行人などの読解から、これまで「日本思想の独自性」として流布してきたものの正体を明かす。

四六上製　三一二頁　三七八〇円

読者の声

地中海の記憶■

▼地中海は発刊時に初版で買っています。今回、書店で見てついフラフラと……。このように歴史に残る本を日本語で読めることは幸だと思います。

（神奈川　会社役員　**古屋厚一**　78歳）

環32号〈特集・文明の接近――イスラームをどう見るか〉■

▼『環』のアカデミックな持ち味の深さを毎回味わっています。さて二〇〇八年Winter号の鬼才エマニュエル・トッドとY・クルバージュの「文明の衝突か、普遍的世界史か？」をめぐる文明の接近の議論は正に圧巻であります。ただいく人かのコメンテーターが論ずるように識字率の向上と出生率低下の普遍化が文明の衝突を避ける最大の要因であるかどうかは不明だと思います。しかし人口の質と量の変化と社会・経済・文明との関係、その含意（インプリケーション）のイシューはさらに今後取り上げ論じて頂きたいと思います。

（東京　麗澤大学名誉教授　**河野稠果**　77歳）

魂との出会い■

▼鶴見和子さんと大石芳野さんは、私にとっては、お二人とも尊敬でき、親近感をもっている方です。本書を読ませていただき益々、その感を強くしました。私も六〇代を半ばすぎましたが、お二人の生き方に触発されて芯を通す生き方をめざして行きたく思います。

（静岡　**春木イツ子**　67歳）

環31号〈特集・われわれの小田実〉■

▼友人の小田実が二〇〇七年七月三〇日に逝去し、以後一一月にこれだけの広い人々を結集した内容の充実したものを出版するのは大変だったろうと心が痛む。小田氏とは二〇〇四年一〇月ベトナムへの「反戦平和の旅」にもゆき、高知にも講演に来てもらい、朝食もともにしたから、一歳違いの彼とは同一ゼネレイション！　おしい人物を失ったが、悲しみをこえて、彼の示した平和の方向へ日本社会を進める闘いに努力したいと思っている。――現代詩を通じて!!

（京都　**片山和水**　74歳）

▼特集「われわれの小田実」を読みたくて、アチコチ探して購入しました。小田氏を偲ぶにふさわしい内容で満足しています。とはいえ、小田氏を喪ったことの痛手は大きく、この喪失感はこの先も長く続くようにおもえてなりません。小田氏が書いたこと言ったこと、行ったことをこの先、日本のみならず世界で継承していくことがぜひ必要ではないかと思います。

（神奈川　**石塚光行**　60代前半）

▼藤原書店なる出版社の存在など知らなかったが、新聞の小田実紹介記事の中にあった『環』を購入、感動。読者カードを送る気になった。小田氏の多面にわたる人との交流に改めて目を丸くしている。

（東京　**菅野弘章**　73歳）

蘆花の妻、愛子■

▼購入したまま、積んである蘆花日記読んでみる気になりました。そういえばはるか昔、蘆花公園に行ったことも思い出しました。御社の本は、金があれば、欲しいものがたくさんあります。

（千葉　自営業　**増川政広**　62歳）

▼私の愛読する作品に『思出の記』がある。これは亡き母の奨めによって旧制中学一年から親しみもう一〇回以上読みかえしている。その作品を書いた蘆花の妻のものがたりとあ

れば買わなければならない。読まざるべからずである。

『思出の記』を自伝小説のごとく思っていた蘆花の実の姿をこの本でみておどろくと共にその夫とすごした愛子の「すごさ」にはおどろかされる。著者は熊本の人だけに方言もうまく利用した作品づくりもよいとはいえ、ややいきすぎも感じられた。

巷間いわれる兄蘇峰との確執の原因も、なるほどと思わせる。暴力を振るいロリコンで贅沢好きの蘆花と『思出の記』がむすびつかないがあらためてこの人の作品や蘇峰の伝記をよみたくなった。残念なことは『不如帰』のうらばなしは私の既知の域を出なかったことや『思出の記』についての記述が少ないこと。

（静岡　高原昭夫　74歳）

ブローデル歴史集成■

▼私の頭は性能が悪く、御社の良書を四苦八苦、長い長い時間をかけてやっとの思いで読んでいます。当然の結果として、社会的には最低の位置に生きています。ですが、人生で出来ることは余り多くはありません。故に私は、どれだけマスメディアに罵倒されようともブローデルを読むことの方を選ぶのです。

（神奈川　斎藤亮　32歳）

戦後占領期短篇小説コレクション⑤■

▼埴谷雄高「虚空」。氏の思想と想像力と現実がないまぜになった、世界の原型が見られる秀逸な作品である。

（高知　地方公務員　島村三津夫　56歳）

河上肇の遺墨■

▼京都在住中河上家縁りの家に住んでおり法然院の墓所にも幼い子達と良く散歩に出かけました。そこで拾った梅の実が芽を出し立派な木になり今わが家の庭で雪の中蕾をふくらませております。転居の際お孫さんから河上博士の直筆を頂き大切にしております。本書のような遺墨集心待ちにしておりました。

（新潟　版画家　小林春規　55歳）

環29号〈特集・世界の後藤新平／後藤新平の世界〉■

▼少年団の自治三訣「人の御世話にならぬ様　人の御世話をする様　そして酬いを求めぬ様」は、今後は高齢者団への戒めでもありましょう。

（宮城　地方公務員　桜井恭仁　58歳）

いのち愛づる姫■

▼「朗読ミュージカル　山崎陽子の世界」の案内パンフレットに触発されて読みました。理学博士、童話作家（ミュージカル脚本家）、画家、それぞれの視点と出版の集大成として、現実では遠方のために鑑賞できぬミュージカルを想像の世界で見ることが出来ました。かつて読んだ、『堤中納言物語』中の「虫愛づる姫」と『源氏物語』中の「源氏」の世界の混交が、読んだ夜、夢に現出したのは驚きでした。物質の無限に近い反応の過程で生れた活性蛋白質が獲得した原始細胞の生命形質は、発生した一個も又何度か消滅と再生を反復したに違いありません。やみくもに分裂した細胞の歴史は癌化と正常（現在の）化、コントロール化の宇宙空間での時間の歴史で、現在でも多剤耐性菌発生の歴史でもあると考えさせられた。積雪七〇センチ常の田舎で冬ごもり中の好読物で、与えられたことを感謝しています。

（岡山　上島祈一　78歳）

聖地アッシジの対話■

▼前略、生涯いつも本が傍にあり、また生きる糧でもある読書。貧しくても自分の本でなければなりません（ラインや書きこみ等をして考えたり、たのしんだり）。先に我町の古書店マツノが菊池寛賞を受けました。五〇年来のつきあいで大変喜び感動でした。貴社の本もほんとうに美しく編まれており、いつも求めては毎日、銀花／感銘を受けています。ど

うぞ地方の小社にまけず佳いお仕事をなさって下さい。（私の読書は偏っていて、岩波、みすずと児童書、聖書関連の本です〔図書館には行きません〕。河合先生が逝去されてとても残念に思います。いつもありがたい……方でした！）

（山口　**三宅阿子**　66歳）

※みなさまのご感想・お便りをお待ちしています。お気軽に小社「読者の声」係まで、お送り下さい。掲載の方には粗品を進呈いたします。

書評日誌（一・一～二・二三）

㊐書評　㊇紹介　㊅関連記事
Ⓣ紹介、インタビュー

一・一　㊐日中文化交流No.七三九「河上肇の遺墨」
㊐新KH報「雪」（「わが読書・鈍行の旅一〇一」／「自作自演する『カルスの悲劇』」）
一・四　㊇北海道新聞（夕刊）〈決定版〉正伝　後藤新平」（「時代相二〇〇八」／「表現に奥行き」／「漢詩の『典故』」／一海知義）
一・五　㊐産経新聞「能の見える風景」（「書評倶楽部」／「舞台との鮮烈な出合い」／永井多恵子）
一・六　㊐産経新聞「なぜ男は女を怖れるのか」（「私の本棚」／「人に薦めたくなった一冊」／阿刀田高）
一・一三　㊐西日本新聞「イスタンブール」（「書評委員この一冊」／「無類にすぐれた都市論」／梁木靖弘）
㊐日本経済新聞「歌集　山姥」（「俳壇」／黒田杏子）
一・一六　㊐東京新聞「環 vol.31」（「小田実最終講義」／「決して殺されてはならない」／田島力）
一・一八　㊐週刊読書人「マルクスの亡霊たち」（「マルクス主義はどこへ行くのか」／『亡霊』というモチーフを軸に反時代的な不協和音を正しく響かせる」／鵜飼哲）
一・二〇　㊐サンデー毎日「戦後占領期短篇小説コレクション⑦」（「サンデーらいぶらりい　読書の部屋」／荒ぶれた時代も木枯らしもいまは遠い／池内紀）
一・二七　㊇長崎新聞「明治国家をつくる」（「新刊コーナー」）
一月号　㊐望星「草の上の舞踏」（「BOOKS」／「故郷・朝鮮半島への思い」／亜沙ふみ郎）
㊇文學界「わたしの名は紅」「雪」（「鳥の眼・虫の眼」／『文学の輸出入不均衡』／相馬悠々）
㊇清流「いのち愛づる姫」（「新刊案内」）
㊐Latina「ブローデル歴史集成Ⅲ　日常の歴史」（「BOOK」／岸和田仁）
二・三　㊐赤旗「魂との出会い」
二・七　㊅日本経済新聞（夕刊）「クローン病」（「寄りそうケア」／「炎症性腸疾患①」／『明るく生きる』思い胸に」）
二・一〇　㊐読売新聞「魂との出会い」（「記者が選ぶ」）
㊐信濃毎日新聞「草の上の舞踏」（「民族の原点探る未来的な営み」／鶴見太郎）
二・二二　㊐東京新聞（夕刊）「魂との出会い」（「この一冊」／中島中）
二・二三　㊅週刊朝日「セレンディピティ物語」（「Book Browsing」／『寓話　セレンディップの三人の王子』　佐々木敏裕）
㊐週刊読書人「結婚戦略」（「学術思想」／「フランス農村の変貌を考察」／『身体的ふるまい』に注目して」／宇波彰）

四月新刊

＊タイトルは仮題

世界史の中で捉える〝一九六八年〟

環 学芸総合誌・季刊【歴史・環境・文明】 Vol. 33

［特集］一九六八年とは何だったのか

〈インタビュー〉フランス現代思想と68年 ――A・バディウ

〈寄稿〉青木やよひ／板垣雄三／伊東孝之／ウォーラーステイン／ヴラストス／海老坂武／岡田明憲／オクタビオ・パス／川満信一／加藤登紀子／金觀涛＋劉青峰／黒田杏子／窪島誠一郎／河野信子／子安宣邦／佐々木愛／竹内敏晴／谷口侑／鶴田静／永田和宏／新元博文／西川長夫／西舘好子／西山雄二／林志弦／針生一郎／古田睦美／宮迫千鶴／吉川勇一／渡辺眸

［新企画］**本の批評** 高橋英夫＋粕谷一希／猪木武徳／中村桂子／渡辺京二／粕谷一希／御厨貴／宇野重規／中本義彦／中野目徹／國分功一郎／水谷千尋

〈寄稿〉「ユーロリベラリズムの地平を超えて」井上泰夫／『「張吉山」をめぐって』鄭敬謨

〈新連載〉「近代日本のアジア外交の軌跡」小倉和夫／朴才暎／「資本主義の起源と「西洋の勃興」」ミラン 〈連載〉ブルデュー＋ヴァカン／橋爪紳也／榊原英資／鈴木一策／王柯／金時鐘／石牟礼道子 ほか

変革の時代に生きた稀世の人物、没百年記念

近代日本の国際人・榎本武揚 1836–1908

榎本隆充・高成田享編

箱館戦争以降人々の記憶から薄れていった榎本武揚は、世界に通用する科学技術者であり、最良の官僚であり、地球的センスを備えた国際人であった。各界識者の座談会と豊富な執筆陣でその全体像を描き出す。

〈座談会〉加藤寛＋速水融＋山本明夫＋佐藤優

稲木静恵／臼井隆一郎／榎本隆充／木村汎／小泉仰／芝哲夫／下斗米伸夫／高成田享／童門冬二／中山昇一／松田藤四郎／山本厚子／吉岡学 ほか

詩人と社会科学者の、言葉との格闘

対話 言葉と科学と音楽と

谷川俊太郎・内田義彦

解説＝天野祐吉・竹内敏晴

社会科学と〝ことば〟の間で格闘し続けてきた経済学者内田義彦が、研ぎ澄まされた日本語の詩人谷川俊太郎と深く語り合った、貴重な記録。

〝光州事件〟とは何だったのか。初の小説化

五月の微笑《ほほえみ》

宋《ソン》基《ギ》淑《スク》　金松伊《キムソンイ》訳

一九八〇年五月に起きた現代韓国の惨劇、光州民主化抗争（光州事件）。「光州」は未だ終わっていない――凄惨な現場を身を以て体験し、抗争後も七百名に上る証言の整理に黙々と従事した大作家が、事件後二〇年を経て、渾身の力で描いた大河小説。

文明社会が逢着した危機！　第二弾!!

新・環境学 II

地球環境／第一次産業／バイオテクノロジー

市川定夫

「環境学」の提唱者が文明社会に警鐘を鳴らす画期的シリーズ。第II巻は、今問題になっている地球温暖化や、食の工業化ともいわれるバイオや、〝食〟をめぐる諸問題をとりあげる。

卒寿を過ぎて回想する、放送界の秘話の数々

NHKと共に七〇年 ――わが回想の九〇年

長澤泰治

戦前の騒乱のさなかに入局して以来、一貫して現場に生きた著者が振り返る草創期NHKの日々。ざっくばらんな語り口で公共放送の現状を憂い、NHK改革の行く末を問う。

3月の新刊

タイトルは仮題、定価は予価。

ゴルバチョフ・ファクター ＊
A・ブラウン　木村汎解説
小泉直美・角田安正訳
A5上製　七六八頁　七一四〇円

「場所」の詩学 ＊
環境文学とは何か
生田省悟・村上清敏・結城正美編
四六上製　三〇四頁　二九四〇円

新・環境学（全3巻）＊
現代の科学技術批判
I　生物の進化と適応の過程を忘れた科学技術
市川定夫
四六判　二〇〇頁　一八九〇円　発刊

運命じゃない！
「シーティング」で変わる障害児の未来
山崎泰広
四六判　二二四頁　一六八〇円

グローバリゼーション下の
東アジアの農業と農村 ＊
日・中・韓・台の比較
原剛・早稲田大学台湾研究所編
四六上製　三七六頁　三四六五円

4月刊

学芸総合誌・季刊
『環　歴史・環境・文明』㉝ 08・春号 ＊
〈特集・一九六八年とは何だったのか〉

好評既刊書

歴史と記憶 ＊
場所・身体・時間
赤坂憲雄＋玉野井麻利子＋三砂ちづる

近代日本の国際人・榎本武揚 ＊
1836–1908
榎本隆充・高成田享編

対話　**言葉と科学と音楽と** ＊
谷川俊太郎・内田義彦
解説＝天野祐吉・竹内敏晴

五月の微笑《ほほえみ》 ＊
宋基淑　金松伊訳

新・環境学（全3巻）＊
現代の科学技術批判
II　地球環境／第一次産業／バイオテクノロジー
市川定夫

NHKと共に七〇年 ＊
わが回想の九〇年
長澤泰治

文明の接近
「イスラームvs西洋」の虚構
E・トッド＋Y・クルバージュ
石崎晴己訳・解説
四六上製　三〇四頁　二九四〇円

未完のロシア　十世紀から今日まで
H・カレール＝ダンコース／谷口侑訳
四六上製　三〇四頁　三三六〇円

満洲——交錯する歴史
玉野井麻利子編　山本武利監訳
四六上製　三五二頁　三四六五円

死の歴史学
ミシュレ『フランス史』を読む
真野倫平
四六上製　五三六頁　五〇四〇円

日本語と日本思想
本居宣長・西田幾多郎・三上章・柄谷行人
浅利誠
四六上製　三二二頁　三七八〇円

学芸総合誌・季刊
『環　歴史・環境・文明』㉜ 08・冬号
〈特集・文明の接近——イスラームをどう見るか〉
菊大判　三二二頁　二九四〇円

地中海の記憶　先史時代と古代
F・ブローデル／尾河直哉訳
A5上製　四九六頁　五八八〇円

赤ちゃんはコトバをどのように習得するか
誕生から2歳まで
B・ド・ボワソン＝バルディ
加藤晴久・増茂和男訳
A5上製　二五六頁　三三六〇円

＊の商品は今号に紹介記事を掲載しております。併せてご覧戴ければ幸いです。

書店様へ

▼今月頭に大統領選を控えるロシアの今とこれからを読み解くための最良の書、カレール＝ダンコース最新刊**『未完のロシア』**を先に二月刊でご案内いたしましたが、三月刊もそれ以上に強力です。その回想録や発言集が非常に動いたご記憶をお持ちの方もいらっしゃるでしょう、そして最近はヴィトンの広告に出たりと、未だ人気絶大の「ゴルビー」を論じた今や既に基本図書！**『ゴルバチョフ・ファクター』**がいよいよ完訳です。ロシアの今を読み解くフェアをぜひ。各担当者にお気軽にお声をおかけ下さい。▼また、2／14（木）、15（金）の二日にかけて、NHK-BSハイビジョン特集で「フロンティア　女帝エカテリーナ2世——近代ロシアを築いた女性の生涯」が放送。好評既刊**カレール＝ダンコース『エカテリーナ二世』**のご展開も最新刊と併せてお願いします。▼同じくNHKハイビジョン特集で2／9（土）には、「海鳴りのなかを——詩人・金時鐘の60年」が放送され大反響。**『金時鐘詩集選　境界の詩』**もぜひ。（営業部）

『いのち愛づる姫』も上演

〈朗読ミュージカル〉
山崎陽子の世界

一台のピアノ以外装置も小道具もない舞台で、本を片手に歌い、演じる「朗読ミュージカル」。山崎陽子さんの作品は一度観たら虜になるといわれ、上演作は五〇を超えています。

［作・演出］**山崎陽子**
［出演］森田克子／大野惠美／沢里尊子（ピアノ）［司会］中條秀子

Ⅰ部
朗読ミュージカル **「いのち愛づる姫」**
Ⅱ部
ミニファンタジー **「ある娘の話」**
朗読ミュージカル **「おぼろ月夜」**
朗読ミュージカル **「ひとりも愉し」**

【日時】二〇〇八年　四月二五日（金）
昼の部　一四時～（開場一三時半）
夜の部　一八時半～（開場一八時）
【場所】三越劇場（日本橋三越本店六階）
【入場料】五〇〇〇円（全席指定・先着順）
［主催］藤原書店
専用フリーコールFAX（チケット予約）
0120-945-954

『山姥』刊行記念　講演・朗詠の夕べ

鶴見和子
最終歌集『山姥』刊行記念
～講演と朗詠、音楽・映像の世界～

遺す言葉

［出演］朗詠　**藤村志保**（女優）
講演　**佐佐木幸綱**（歌人）
司会　**黒田杏子**

【日時】二〇〇八年四月一六日（水）
一八時半～（開場一八時）
【場所】内幸町ホール
【入場料】三〇〇〇円
（全席自由・一八八席限定・先着順）
［主催・企画］藤原書店
専用フリーコールFAX（チケット予約）
0120-945-954

※先月号でお知らせしたル＝ロワ＝ラデュリ氏の来日およびシンポジウムは、事情により中止されました。

出版随想

▼「仁は人の心なり、
　義は人の道なり」（孟子）
▼「仁義」なる言葉、義理や人情という言葉同様、現在の日本社会では死語と化して久しい。ヤクザや演歌の世界にはあるようだが、日常の世界から遠ざかってしまった。仁義などという言葉を出すと、その文脈《コンテキスト》から推量する度量も失われ、ただ嫌な顔をされるのが常である。
▼戦前の日本では、礼、信、智孝、誠、忠……といった儒教の中の重要な言葉は、特別な言葉として家庭や学校や社会の中で大切にされていた。それが、戦後になってそういう重要な生きる言葉を、国家や国民が丸ごと葬り去ってしまった。戦後六十年余、日本社会の中で生きるための中核になるべき言葉が喪われた。しかも、国家や国民が自から捨て去った。古着を新しいのに取り替えるように無頓着に簡単に捨てた。それに代わってアメリカ流の衣を身に纏い、従来身に着けていたものを自から軽蔑の眼差しで見、闊歩して六十余年。
▼ところが、ここに来て「武士道」やら「品格」やら、戦前先人が大切にしてきたものを見直す風潮がボチボチ出てきた。勿論、それを商売として利用するものは多くあるが、国民や国家から、戦前の日本の見直しが始まっていることだけは伺える。いよいよこれからが本番だ。（亮）